내가 만들어 가는 아들 관찰기

지금부터 남자아이들이 친구들과 어울리면서 어떠한 성장 변화를 겪는지 확인하게 될 것입니다. 이 글을 읽으며 최근 달라진 아들의 모습은 없는지, 그 이유는 무엇일지 적어 보세요. 이를 통해 아들의 성장을 이해하고 올바로 이끌어 주는 힌트를 얻을 수 있을 거예요.

평소와 다른 아들의 말과 행동

_____

_____

_____

짐작되는 이유

_____

_____

_____

아들이 친구들과 어울릴 때 특히 힘들어하는 점

_____

_____

_____

짐작되는 이유

아들이 최근 가장 좋아하는 것

아들에게 가장 많은 영향을 미치는 것 같은 친구

4~6세,
아들 성장보고서

스탠퍼드대학 주디 추 교수, 2년간의 밀착연구로 밝힌
남자아이 성장관찰기!

4~6세, 아들
성장보고서

주디 추 지음 | 우진하 옮김

글담출판

"제 아들에게 문제가 있다고요?"

조금은 다른 아이, 세상의 평가

아들이 초등학교 입학을 앞두었을 때의 일이다. 당시 남편과 나는 좋은 학교를 찾는 데 혈안이 되어 있었다. 우리의 관심사는 오직 아들에게 적합한 학교를 찾아 주는 데에만 집중되어 있었다. 젠더는 아주 예민하고도 놀라울 정도로 영민한 아이였기 때문에 생각보다 훨씬 어려웠다.

유치원 시기 젠더는 워낙 조용하고 활동적인 걸 좋아하지 않는 성향 탓에 혼자 있는 시간이 압도적으로 많았다. 어떤 때는 그저 부끄러움을 많이 타서 그러는 것 같기도 했다. 그러나 시간이 지날수록 점점 더 겉돌며 친구들과도 어울리지 않게 되자 유치원 선생님들도 어느새 아이에게 관심을 두지 않게 되었다. 선생님들의 관심은 대개 더 많은 주의가 필요한 아이들에게 쏠리게 마련이었으니까. 그렇지만 그런 우리의 '내성적인 아들'이 초등학교에 입학하게 되자 진짜 문제가 시작되었다.

우리는 아이를 1년 동안 일반 공립학교에 보냈었다. 선생님은 좋은 분이셨고, 학교 역시 주어진 조건 하에서 최선을 다했다. 그러나 그 어떤 것도, 심지어 교과 과정조차 젠더의 관심을 끌지 못했다. 사실 젠더는 또래에 비해 수학과 과학 과목에서 뛰어난 재능을 보이는 등 특출난 아이였다.

어쩔 수 없이 우리는 아이를 다시 사립학교에 1년 동안 보내 보기로 했다. 3개월이 지나자 우리는 한 학년을 채 마치기도 전에 담임선생님으로부터 아이에게 문제가 있다는 이야기를 듣게 되었다. 우리 아들이 이 학교에 잘 맞지 않다는 것이었다. 무슨 소리냐고 반문하자 아이가 너무나도 내성적이고 유약하다는 것이었다. 선생님은 예를 들어 젠더가 쉬는 시간에도 또래 남자아이들과 거의 놀지 않는다는 사실을 지적했다. 그 대신 아이는 혼자 떨어져 앉아 다른 남자아이들이 뛰어노는 모습을 그저 바라보는 경우가 더 많다는 것이었다. 이따금 여자아이들과 노는 게 전부라며 검사를 권하기까지 했다.

집으로 돌아와 우리 부부는 젠더에게 또래 남자아이들과 함께 노는 게 싫으냐고 물었다. 그러자 젠더는 그게 아니라 자기는 그냥 그렇게 할 수 없다고 했다. 아이의 말에 따르면 자기는 그냥 자리에 앉아서 바라보기만 하는 게 좋다는 것이었다. 그리고 왜 그런지 이렇게 설명했다. "아이들이 너무 거칠게 놀아요."

남편과 나는 아이의 그런 결정을 이해할 수 있었다. 젠더는 남자아이건 여자아이건 상관없이 난폭하고 요란스럽게 노는 일에 한 번도 흥미를 보인 적이 없었다. 물론 반 친구들을 좋아하고 개별적으로 어울릴 때는 조금 더 적극적인 모습을 보였지만 대체적으로 여럿이 어울리는 상황이 되면 몸을 사리는 경향을 보였다. 특히 주변 아이들이 지나치게 활발한 경우에는 어른들과 함께 있는 것을 더 좋아했다. 어른들과는 좀 더 쉽게 관계를 맺을 수 있는 것 같았고 적극적이며 활기찬 모습을 보이기도 했다. 게다가 젠더는 혼자 노는 것이 더 편해 보였다. 다른 아이들이 하고 있는 걸 굳이 따라 할 필요도 느끼지 못하는 것 같았다. 한번은 같은 반의 어떤 남자아이가 학교 운동장에 있는 젠더에게 다가가 장난삼아 주먹으로 팔을 때렸다고 한다. 그리고 "나 잡아 봐."라고 하면서 함께 놀자고 했다. 하지만 젠더는 그저 웃으며 이렇게 대꾸했을 뿐이었다. "음, 나는 괜찮아."

담임선생님에게 젠더가 뭘 더 좋아하는지 이야기하자, 그녀는 그거야말로 자신이 염려하고 있는 문제라고 지적했다. 젠더는 또래 남자아이들과 함께 놀기를 원하지 않는다. 그리고 그런 젠더의 '문제'는 단지 아이가 내성적이어서가 아니라 일반적인 남자아이처럼 행동하지 않는 데 있다는 것이었다. 다시 말해 젠더는 보통의 남자아이라면 응당 그럴 것이라고 기대하는 범위에 들지 않았던 것이다. 우리가 젠더의 그런 행동, 그러니깐 다른 남자아이들처럼 행동하지 않는 것에 대해서 별로 걱정하지 않는다고 말하자, 그녀는 그런 이야기가 몹시 불편한 모양이었다.

"글쎄요, 저로서는 젠더에게 뭘 어떻게 해줘야 할지 잘 모르겠네요."

안타깝게도 젠더는 담임선생님이 자신을 별로 좋아하지 않는다는 사실을 알고 있었다. 그녀의 불만은 젠더를 대하는 태도에서도 분명하게 드러났다. 나중에 젠더는 이렇게 말했다. "선생님은 한 번도 나를 보고 웃지 않아요."

내 아이가 잘못된 오해와 평가를 받고 있으며, 심지어 따돌림 비슷한 상황에 놓여 있다는 것을 알면서도, 아들을 매일 그런 장소에 데려다 주는 건 부모로서 정말이지 가슴이 찢어지는 일이었다.

때때로 우리는 젠더의 담임선생님이 마치 젠더가 잘못 행동하거나 어긋나기만을 바라고 있는 건 아닌가 하는 착각에 빠지기도 했다. 그렇지만 최소한 그녀는 젠더를 어떻게 대해야 할지 고민해 주었고 언제든 젠더와 대화할 준비가 되어 있었다. 하지만 젠더의 다정하면서도 때로는 유약하고 지나치게 내성적으로 보이는 태도는 그녀가 생각하는 남자아이의 모습과는 맞지 않았다. 이런 점이 선생님을 불편하게 한 듯했다. 남자아이란 어떤 모습이며 또 어떤 모습으로 자라야 한다는 고정관념의 문제를 떠나 선생님은 아예 젠더가 뭔가 잘못되었다고 결론을 내려 버렸다. 그녀의 그런 부정적인 평가는 학년을 마칠 무렵 받은 젠더의 성적표에서도 여실히 드러났다. 거기에는 "점점 나아지고 있음"이라고 쓰여 있었는데, 그녀는 젠더가 다른 아이들과 함께 분실물 보관 상자를 들여다보고 있는 모습을 보았다는 것을 예로 들었다. 분실물 보관 상자는 아이들이 함부로 할 수 없는 것이니, 젠더도 다른 남자아이들처럼 짓궂은 장난을 한다는 증거라는 게 선생님의 평가였다. 그리고 젠더가 그런 행동을 하는 것을 보고 너무 기뻐서 일부러 내버려 두었다는 글에는 만족스러움이 묻어났다.

내키지는 않았지만, 우리는 선생님의 평가와 생각을 마냥 무시하거나 외면할 수는 없었다. 때문에 학년 내내 소아과 전문의를 비롯하여 발달 심리학자 그리고 상담 치료 전문가까지 다양한 전문가를 만나 이 문제에 대해 상의했다. 각 전문가들은 젠더에게 아무런 문제가 없다고 말해 주었다. 그저 영리하고 예민한 아이일 뿐으로, 어떤 병리학적인 문제는 없다고 말이다.

아들은 정말 감정적으로 차갑고 처치 곤란한 존재일까?

미국 심리학계에서 가장 뛰어난 저술가 겸 학자로 평가받고 있는 사회심리학자 캐럴 길리건 교수의 도움을 받아 나는 유아기에 접어든 남자아이들이 겪는 성장 과정을 2년간 연구했다. 길리건 교수는 뛰어난 연구 성과로 하버드대학 최초로 여성학 교수직을 맡은 분으로, 《타임》지가 선정한 미국에서 가장 영향력 있는 인물 25명에 뽑히기도 했다.

길리건 교수와 나는 유아원에서부터 사립학교 6학년까지의 과정을 포함하고 있는 일종의 독립형 사립학교인 프렌즈 스쿨(the Friends School)을 방문했다. 뉴잉글랜드에 있는 이 학교는 전에 한때 길리건 교수가 6학년 여학생들의 성장에 대해 연구했던 곳이다.

그곳을 이번에는 유아반 남자아이들을 관찰하기 위해 찾았다. 나는 유아기의 남자아이들이 어떠한 사회성 발달 과정을 겪는지 알고 싶었다. 사회성이라고 하면 우리는 흔히 사람들과 잘 지내는 능력만을 생각한다. 물론 이 역시 맞는 말이지만, 좁은 범위의 사회성에 지나지 않는다. 아이의 사회성을 이야기할 때는 사회적 발달 측면에서 바라봐야 한다. 자아 발달, 성정체성, 또래 관계 등까지 넓은 의미에서 바라봐야 하는 것이다. 이를 이해하는 첫 번째 키워드는 성정체성이다. 유아기는 처음으로 성별에 따른 기대를 받게 되기 시기이기 때문이다.

우리는 남성성, 여성성이라는 말을 통해 성별을 이분법적으로 바라볼 뿐 아니라 은연중에 남성성을 여성성보다 긍정적으로 바라본다. 즉 소위 남자답게 행동할 때 더 많은 사회적 이점을 누릴 수 있는 것이다. 하지만 이는 아이에 따라 자신의 개인 성향이나 의지와 반할 수도 있다. 나는 이럴 때 남자아이들이 어떤 선택을 하며 성장해 나갈

지 궁금했다. 남자로 태어나 남자답게 행동하는 일이 가져다주는 사회적 이점에도 불구하고 그렇게 할 수 있을지 말이다. 무엇보다 잘못된 남성성을 가질 경우 사회성 발달에 우려가 있는 것도 사실이다. 이때 남자아이들은 어떤 선택을 하는지, 어떻게 성장해 나가는지 궁금했다. 내가 4세에서 6세까지의(이 책에서는 아이들의 나이를 만 나이로 소개하고 있다.) 남자아이들에 대한 연구를 시작하게 된 것은 바로 이런 문제에 대한 의문 때문이었다. 진짜 나의 모습과 사회에서 강요하고 기대하는 모습 사이에서 느끼는 갈등과 모순을 어떻게 해결해 나가며 성장하는지 알고 싶었던 것이다.

이와 함께 나는 남자아이들에 대한 우리들의 일반적인 편견을 걷어내고 남자아이들의 실질적인 대인관계 능력과 감성 능력을 알고 싶었다. 젖먹이 아기들에 대한 연구를 살펴보면 성별에 상관없이 아기들은 모두 다른 사람과 관계를 맺고 싶어 했으며 그런 능력을 가지고 태어난다는 사실을 알 수 있다. 따라서 남자아이들이 여자아이들에 비해 태생적으로 그와 관련된 능력이 떨어지는 것이 아니다. 더욱이 남자아이들에 대한 연구를 보면 남자아이들 역시 여자아이들과 마찬가지로 타인과 친밀한 관계를 만들고 유지하고 싶어 한다는 사실을 알 수 있다. 그런데 나이를 먹을수록 친밀한 관계를 유지하고 있는 성인 남성들은 그다지 많지 않으며, 그 관계의 친밀도 역시 높지 않다고 한다. 유아기와 성인기 사이의 이러한 불일치는 남자아이의 성장 과정에서 그러한 능력이 약화되고 있음을 말해 주고 있다. 그러나 지금까지 남자아이들의 이러한 발달을 확인한 실증적 연구는 얼마 되지 않으며, 심지어 남자아이의 관점에서 연구된 내용은 찾아보기 힘들 정도다.

그래서 나는 실제 남자아이들과 함께 생활하며 이를 살펴보고자 했다. 제이크, 토니, 마이크 등 아이들과 함께한 시간들은 연구를 떠나 개인적으로도 뜻깊은 시간들이었다.

남자아이발달 전문가 주디 추 교수가 '4~6세 아들의 세계'에 주목한 이유!

대부분의 성장 및 심리학 이론에서는 인간관계의 중요성에 대해 언급한다. 이 이론들은 하나의 전제로부터 출발하는데, 그 전제란 우리를 둘러싼 세계와 나 자신에 대한 인식과 지식은 결국 우리가 속해 있는 사회 및 문화적 배경은 물론 인간관계의 영향을 받게 되며 거기에서 벗어날 수 없다는 것이다. 다시 말해 인간의 성장이란 고립된 환경에서는 일어날 수 없으며 오직 다른 사람들과의 관계를 통해서만 일어날 수 있다. 처음으로 교육 기관에 들어가는 4~6세 남자아이들의 성장에 주목한 이유다. 이 시기 남자아이들은 집이라는 익숙한 공간을 벗어나 낯선 세계에서 새로운 친구들과 어울리기 시작하기 때문이다.

또한 성장 발달에 대한 이론가들은 남자아이들에게 있어 특별히 유아기를 중요한 변화의 시기로 보았다. 스위스의 심리학자인 장 피아제는 유아기를 남녀가 구분되는 중요한 시기라고 생각했다. 바로 이 시기에 인간의 행동이 형성되며 경험이 구축되고 강화된다고 생각한 것이다. 피아제의 인지 발달 이론에 영향을 받아 도덕성 발달 이론을 제시한 또 다른 심리학자인 로렌스 콜버그는 아이들은 6세에 이르러 자신의 성정체성을 깨닫게 된다고 주장했다. 뿐만 아니라 정신분석의 창시자인 지그문트 프로이트 역시 유아기를 남성기로 들어서는 중요한 순간으로 설명했다. 이 시기의 남자아이들은 여자와 자신을 구별하고 남성성을 따름으로써 자신만의 성적 정체성을 확립하게 된다는 것이다. 자신을 둘러싼 친구와 어른의 태도와 반응을 통해 자신이 어떻게 행동해야 되는지 터득하는 한편, 이것이 가지는 의미를 이해하기 시작한다.

즉 다른 사람들이 자신에게 무엇을 기대하는지, 이와 동시에 어떻게 이 세상 그리고 다른 사람들과 함께 지낼 수 있는지 생각하게 되는 것이다. 그 과정에서 남자아이들이 받는 심리적 피로감이 나날이 증가하고 있다. 이는 학습 및 언어 장애, 주의력결핍과잉행동 장애 등과 같은 문제로 이어지기도 한다.

그러나 현재 유아기 남자아이들이 성장 과정에서 겪는 경험들이 다른 사람과 관계를 맺는 능력이나 자의식, 자존감 등 사회성 발달에 어떤 영향을 미치는지에 대한 연구가 부족한 형편이다. 다만 이 시기 남자아이들이 받는 압박은 아이들의 성장과 발달에 부정적인 영향을 미치고 있음이 밝혀지고 있다. 따라서 부모는 아들의 성장에 대해 새로운 접근과 인식이 필요하다.

이 책은 유아기 발달 과정에 있어 남자아이들이 겪는 경험에 초점을 맞춰 지금 중요시 되고 있는 이러한 문제들을 이해하기 위해 기획되었다. 4~6세 남자아이들에 대한 연구에 집중되어 있으며 아이들의 눈과 입을 통해 그들의 세상으로 들어가 보았다. 도대체 이 시기 남자아이에게 무슨 일이 일어나고 있는 것인지, 그 성장 과정을 들여다보자.

"엄마를 밀어내야 하는 이유"
아들은 남자가 되어야 한다

6장

"선배 부모의 고민을 통해 들여다보는 부모의 역할"
아빠의 고민 vs 엄마의 고민

1장

"4~6세, 우리 아들에게
도대체 무슨 일이 일어나고 있는 걸까"

아들의 세계로
들어가다

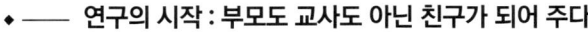

연구의 시작 : 부모도 교사도 아닌 친구가 되어 주다

남자아이들이 겪는 발달 과정을 정확히 관찰하기 위해서는 무엇보다 그들의 세계에 완벽하게 들어가는 일이 가장 중요했다.

유아기 아들에게 무슨 일이 일어나는지, 이는 사회성 발달에 어떤 영향을 미치는지 궁금해진 나는 한 유아원에 협조를 구했다. 그리고 감사하게도 흔쾌히 허락을 얻을 수 있었다. 나와 2년간 함께한 여섯 남자아이들은 미국의 독립형 사립학교인 프렌즈 스쿨 부설 기관의 유아원생들이다. 처음 만났을 당시 4세였던 아이들은 나와 함께하는 동안 초등학생이 되었다(이 책에서는 아이들의 나이를 만 나이로 소개하고 있다.). 아이들의 부모는 건축 현장 감독, 엔지니어, 교사, 테라피스트, 대학 교수 등 저마다 다른 직업을 가지고 있는 중산층 가정으로 교외 지역에서 살고 있었다.

2년간의 연구가 무사히 끝나기까지 미국의 대표 사회심리학자인 길리건 교수와 아이들의 담임교사인 루시아 선생님, 젠 선생님에게 많은 도움을 받았다.

유아원의 내부는 대략적으로 이러했다. 교실 내부를 살펴보면 사전에 계획된 용도에 따라 몇 개의 낮은 나무 책장으로 공간이 구분이 되어 있었다. 하루 일과가 시작되면 교사들은 찰흙이며 물감, 마분지 등 미술 수업을 위한 다양한 재료들을 탁자 위에 준비해 두곤 했다. 그러면 아이들이 교실에 들어오자마자 수업을 시작할 수 있었다. 탁자 옆에는 주방 놀이 공간이 마련되어 있었다. 다양한 옷과 살림 도구 그리고 음식 모양의 장난감이 준비되어 있었다. 그 옆에는 서로 다른 크기의 장난감 블록과 직소 퍼즐이 놓여 있었다. 독서 공간도 마련되어 있었는데, 이곳에는 의자가 아닌 방석이 놓여 있었다. 밖에는 넓은 운동장과 강당 겸 체육관으로 사용하는 구조물이 있었다.

나는 일주일에 한두 번 정도 이곳을 방문하여 관찰과 연구 활동을 실시했고, 특별한 일이 없는 한 아이들의 시간표에 모두 동참했다. 덕분에 아이들이 부모와 함께 등원하는 모습부터 쉬는 시간이나 소풍 때의 모습 등 다양한 순간들을 바로 곁에서 지켜볼 수 있었다.

이 시기 남자아이들이 겪는 발달 과정을 정확히 관찰하기 위해서는 무엇보다 그들의 세계에 완벽하게 들어가는 일이 가장 중요했다. 아이들의 모습을 있는 그대로, 가까이에서 관찰할 수 있어야 했기 때문에 아이들과 친해지며 신뢰를 쌓는 일이 가장 급선무였다.

이를 위해 내가 중점을 둔 것은 관찰은 하되, 교사나 부모의 역할과 스스로를 분리하여 아이들의 행동에 일절 관여하지 않는 것이었다. 물론 아이들이 위험한 행동을 하거나 싸울 때에는 예외였다. 그러나 그 외에는 어떠한 경우에도 예를 들어 아이들이 어른들이 하지 말라는 행동을 할 때에도 모르는 척해 주었으며 비밀을 지켜 주었다. 싸울 때 역시 지나치게 참견하지 않기 위해 노력하며 아이들끼리 문제를 해결해 나가도록 유도했다. 그러한 노력 덕분인지 아이들은 조금씩 나를 인정해 주기 시작했고, 시간이 좀 더 지나자 아이들과 개별 면담까지 할 수 있을 정도로 친해졌다.

면담은 아이들이 원하는 대로 혼자서 진행하거나 혹은 친구들과 함께 진행하곤 했다. 관찰만으로는 알 수 없는 아이들의 속마음을 이해할 수 있는 소중한 시간들이었는데, 만약 아이들이 거부했다면 불가능했을 것이다.

면담 때는 평소 묻기 힘든 것들을 진솔하게 이야기할 수 있었다. 주로 요새 빠져 있는 놀이(활동)나, 선생님 혹은 친구들 사이에서 있었던 일들에 대해 묻곤 했다. 아이들이 면담 시간을 즐겁고 편안하게 느낄 수 있도록 플레이모빌(모형 장난감) 장난감을 적극 활용하기도 했다. 실제 사람들이 살고 있는 공간을 정교하게 재현한 장난감으로, 당시 이곳 남자아이들에게 인기가 아주 많았다. 덕분에 아이들이 장난감을 가지고 노는 동안, 자연스럽게 질문과 대답을 유도할 수 있었다. 처음에는 단 둘이 있는 것을 어색해하던 아이도 장난감을 본 순간 흥분하여 자신은 플레이모빌 세상 안에서 어떤 주인공이 되고 싶은지, 그리고 주인공이 되면 또 어떤 일들을 하고 싶은지 등을 늘어놓기 시작했다.

　이렇게 장난감의 도움을 받아 아이들과 관계를 이어 갈 수 있었고 아이들의 마음속 이야기까지 들을 수 있었다. 사실 처음에는 대부분의 아이들이 부담스러워했지만 나중에는 먼저 내게 면담을 요청할 정도로 즐거워했다.

아들의 세계를 이해하는
첫 번째 키워드, 서열

남자아이들에게서 일어난 가장 첫 번째 변화는 바로 서열 관계였다. 그리고 이는 아이들의 관계에도 많은 영향을 미쳤다.

학기가 시작되고 3주가 채 지나지 않아 나는 같은 반 남자아이들 사이에 미묘한 서열이 생겼음을 알게 되었다. 이 서열은 남자아이들 사이에서의 인기와 권위 그리고 영향력을 반영하는 것처럼 보였다. 마치 어른들 세계에서나 볼 수 있는 계급 구조와도 닮아 있었다.

서열을 중심으로 아이들을 살펴보면 그 특징을 알 수 있는데, 바로 전형적인 남자아이의 특성을 많이 보이는 아이일수록 높은 서열을 차지한다는 점이다.

우선 그 계급의 정점에는 마이크가 있었다. 이 아이는 같은 반 아이들 중에서도 가장 키가 크고 성숙했으며 누가 보아도 우두머리와 같은 위치에 있었다. 마이크는 친구들과 함께할 때 거친 사내아이 같은 이미지를 풍겼으며, 힘과 우월성을 바탕으로 아이들에게 위협적이면서도 깊은 인상을 주는 듯 보였다.

마이크 다음 서열인 민형(한국계 미국인)이는 반에서 키는 제일 작았지만 늘 자신감이 넘쳐흘렀고 어른들이나 또래 친구들 사이에서 관계의 균형을 잘 잡았다. 그림을 그리거나 블록을 쌓을 때는 높은 집중력을 보였고, 자신이 하고 싶은 일에 대해서 분명하고 확실한 태도를 보였다.

롭과 제이크는 남자아이들 사이에서 중간 계급에 속해 있었다. 롭은 늘 조용하고 겸손했다. 여느 선생님 말처럼 롭은 '누구와도 잘 어울리는' 아이였다. 나는 이 말이 얌전하고 서두르는 법이 없는 롭의 성향을 가장 잘 설명한 것이라고 생각했다. 롭은 자신의 생각이나 감정을 친구들에게 충분히 표현할 능력을 갖고 있었지만 보통은 조용히 듣는 쪽을 택했다. 친구들과 다투는 걸 싫어하여 늘 남을 먼저 생각하고 도와주려고 노력했으며 자신만의 방식을 고집하는 일이 극히 드물었다.

제이크는 항상 웃는 얼굴로 어른이든 또래 친구든 할 것 없이 편하게 대하며 즐겁게 지냈고 친구들이 하는 일에 관심을 가지고 늘 도와주는 아이였다. 비록 친구들이 자신의 도움을 당연하게 여기고 자신의 도움에 보답하지 않을 때도 언제나 친절했다.

마지막으로 소개하는 댄과 토니는 남자아이들의 세계에서 가장 아래 서열에 속해 있었다. 서열에서 높은 위치에 있는 마이크나 민형이가 자신이 원하는 바(자신의 욕구)를 정확하게 알고 그것을 이루기 위해 적극적으로 행동했다면, 그에 비해 댄과 토니는 상대적으로 집중력이 부족하고 의욕이 없었다. 그런 것보다는 롭이나 제이크처럼 친구들과 사이좋게 지내는 일에 더 관심을 보였다. 단지 차이점이 있다면, 롭과 제이크는 자신이 무엇을 원하는지 정확히 알면서도 친구들과의 관계에서 평화와 질서를 유지하기 위해 타협을 택했던 것과는 달리 댄과 토니는 자신이 무엇을 원하는지 정확히 모르는 것 같았다. 아마도 그렇기 때문에 다른 사람의 뜻을 따르는 데 별다른 문제나 다툼이 없는 것일지도 몰랐다. 또한 댄과 토니는 성정체성을 찾아가는 그 또래 남자아이들이 으레 하는 행동이나 활동에도 별 관심이 없어 보였다. 그 예로 두 아이는 여자아이들과 함께 놀거나 여자아이들의 장난감을 가지고 노는 경우가 많았다.

댄은 언제나 기운이 넘쳤고 혼자 상상하며 노는 것을 좋아했다. 댄이 남자아이들의 서열에서 낮은 위치에 있게 된 것은 스스로 선택한 결과라고도 할 수 있었다. 댄은 차별 없이 누구하고나 잘 어울렸다. 당시 남자아이들은 여자아이들을 배척하고 또래 남자아이들하고만 놀았다. 그러나 댄은 남자아이들과 놀 때와 마찬가지로 여자아이들과 함께 그들의 놀이를 즐겼고, 그 모습이 행복하고 편안해 보였다. 여자아이들과 어울린다는 이유로 남자아이들의 세계에서 자신의 서열이 낮아진다고 해도 전혀 개의치 않았다.

남자아이들 사이에서 제일 서열이 낮은 아이는 토니였다. 내가 이

연구를 시작했을 무렵 토니의 엄마는 막 재혼을 하여 임신을 한 상태였다. 게다가 토니가 다니는 학교에서 교사로 근무하고 있었다. 토니는 새로 생긴 가족뿐만 아니라 학교의 학생들과도 엄마를 공유해야 했다. 그래서인지, 토니는 또래 친구들뿐만 아니라 어른들과의 관계에서도 어쩔 줄 몰라 하는 듯 보였다. 때로는 극단적으로 적극적이었다가 때로는 한없이 소심하게 행동했다. 엄마가 있는 교실이 바로 건너편에 있었기 때문에 토니는 하루 중 어느 때라도 도움이 필요할 때면 엄마에게 달려갔다. 이러한 이유들로 토니는 남자아이들과 잘 어울리지 못했다.

이렇듯 남자아이들 사이에서는 서열이 분명하게 드러나는 반면 또래 여자아이들 사이에서는 인기와 권위를 기반으로 한 사회적 서열이 그리 뚜렷하게 보이지 않았다. 여자아이들은 그 자체로 하나의 집단 같은 모습이었다. 다시 말하면 여자아이들 개개인은 어떤 집단에 속해 있는 구성원이라는 느낌이 들지 않았다. 오히려 그보다는 남자아이들이 성별로 구분 짓고 난 후에야 비로소 남자아이들과 자신들을 구분하기 시작했다. 어쩌면 바로 그런 이유 때문에 여자아이들은 자신의 생각과 성향을 드러내고 행동하는 데 더 자유르워 보였는지도 모르겠다. 또래 무리에 많은 영향을 받는 남자아이들과 달리 여자아이들은 스스로 결정을 내리고 자신이 원하는 대로 행동하는 경우가 많았던 것이다.

여자아이와 남자아이의
관계 맺기는 정말 다를까?

일반적으로 남자아이는 여자아이에 비해 공감 능력이 부족하고 사회성이 부족하다고 생각한다. 아이들과의 첫만남은 이러한 고정관념에 대해 다시 한 번 생각해 보게 했다.

첫 만남, 그리고 기대 이상의 성과

연구 초반, 나는 아이들과 친해지기 위해 노력했다. 낯선 사람인 나를 아이들이 신뢰하기까지는 상당히 오랜 시간이 걸릴 것이라고 예상했기 때문이다. 특히 나로 인해 아이들 중 누군가가 혼자 주목을 받거나 반대로 따돌림당하는 일이 생기지 않도록 처음에는 아이들과 특별한 시간이나 관계를 갖지 않으려고 노력했다. 대신 그저 일정한 거리를 두고 아이들을 지켜보며 나에게 다가올 때까지 기다렸다.

길리건 교수와 함께 유아원을 처음 방문했던 날, 우리는 수업이 시작되기 전에 먼저 루시아 선생님과 젠 선생님을 만났다. 두 사람에게 우리가 누구인지 소개하고 이곳을 왜 찾아왔는지도 설명했다. 그리고 많은 도움을 부탁했다. 두 선생님의 통찰력은 연구에 많은 도움이 될 터였다.

아이들이 하나둘 도착하자 루시아 선생님과 젠 선생님은 그날 있을 수업을 준비했고 길리건 교수와 나는 교실 한쪽에 있던 둥근 테이블에 앉았다. 남자 여자 할 것 없이 대부분의 아이들이 길리건 교수와 나를 보자마자 낯을 가리고 부끄러워했다. 전에는 한 번도 본 적이 없는 어른인데다 누구도 제대로 설명을 해주지 않았으니 아이들이 그런 태도를 보이는 건 당연한 일이었다.

공교롭게도 나에게 제일 먼저 다가온 것은 어떤 여자아이였다. 교실에 들어선 타티아나(같은 반 여자아이)와 그녀의 엄마는 마치 우리가 있는 걸 예상이라도 하고 있었다는 듯 우리 쪽으로 걸어와 옆에 앉았다. 타티아나는 웃으면서 자기소개를 했다. 내가 이름을 제대로 알아듣지 못하자, 확실히 알아들을 때까지 세 번이나 참을성 있게 알려주기까지 했다.

그렇지만 이날, 나에게 다가온 건 타티아나뿐만이 아니었다. 처음 느꼈던 쑥스러움이 사라졌는지 (남자아이들 중에서 처음으로) 토니 역시 아주 다정하고 따뜻한 모습으로 나에게 다가왔던 것이다. 타티아나와 내가 퍼즐을 가지고 함께 놀고 있으니 토니가 조금씩 우리 옆으로 다가왔다. 앞서 루시아 선생님을 통해 그의 이름을 알고 있었던 내가 반갑게 맞이하자 토니는 내가 자신의 이름을 알고 있다는 사실에 아주 기뻐하는 듯 보였다. 그렇게 토니는 우리의 놀이에 동참했다.

　퍼즐을 다 맞추고 나자 미술 시간이 되었다. 토니와 타티아나 그리고 나는 함께 자리를 잡고 앉아 다양한 색깔의 조각들을 나무 판에 있는 구멍에 집어넣거나 고무줄을 이용해 선을 그리기도 했다. 그때 젠 선생님이 레인 스틱을 들고 나타났다. 레인 스틱이란 속이 빈 기다란 나무통에 모래 등을 집어넣고 흔들면 마치 비가 내릴 때와 비슷한 소리가 나는 장난감이다. 젠 선생님이 이제 그만 자리를 정리할 시간이라고 말하자 타티아나는 이 레인 스틱 소리가 낮잠 잘 시간도 알려 준다고 귀띔해 주었다. 타티아나는 인상에 깊이 남을 만큼 사려 깊은 아이였다. 낯선 곳에 찾아온 나의 입장을 배려해 꼭 알아야 할 이곳의 규칙이나 학생들에 대해서 가르쳐 주었다.

　정리가 끝나고 모두들 다 함께 한자리에 모였다. 토니가 얌전하게 내 무릎 위에 앉자 타티아나는 내 팔에 몸을 기대고 앉았다. 곧 과일과 씨앗에 대해 배우는 수업이 시작되었고 루시아 선생님이 과일과 씨앗 몇 가지를 가져와 아이들에게 보여 주었다. 루시아 선생님이 가장 먼저 석류 열매를 집어 들고는 이걸 먹어 본 사람이 있느냐고 묻자 토니가 조용히 방금 선생님이 한 물음을 내게 그대로 되물었다. 내가 석류를 먹어 본 적이 있다고 대답하자 토니는 나를 이 수업에 함께하도록 도와주려는 듯 조심스럽게 내 팔을 들어 올리며 이렇게 격려해 주었다. "그러면 이렇게 손을 드세요."

　이 나이 또래 아이들에게 어떻게 접근해야 할지 난감해하고 있던 나에게 타티아나와 토니가 보여 준 친절은 매우 감동적이었다. 타티아니의 친절함과 따뜻함은 여자아이에게 품었던 나의 기대를 만족시켜 주기에 충분했다. 그리고 토니의 사려 깊고 호의적인 태도는 남자아이들은 비사회적이며 자기중심적일 거라는 일반적인 견해에 비추어 보았을 때 나의 기대를 뛰어넘었다. 연구를 계속하는 동안 나는 사회적 편견과 달리 남자아이들 역시 풍부한 대인관계 능력을 가지고 있으며, 여자아이들과 크게 다르지 않다는 사실을 목격하게 되었다.

편견으로 연구의 범위를 제한하고 있음을 깨닫다

처음 유아원을 찾아갔을 때 토니를 제외한 다른 남자아이들은 나와 일정한 거리를 유지한 채 오로지 자기들의 일에만 집중했다. 나와 일종의 교류 비슷한 것을 시도한 것은 나를 공격할 때뿐이었다.

쉬는 시간, 복도에 서 있는데 민형이와 댄이 내 다리 사이로 지나가는 놀이를 시작했다. 나와 부딪혀도 말 한마디 건네지 않고 저희끼리 키득거렸다. 롭은 쉬는 시간이면 나를 쫓아오며 장난을 쳤고, 제이크는 불과 몇 발자국쯤 떨어진 곳에서 나를 향해 주먹을 휘두르고 발길질을 하며 나를 깨무는 흉내를 냈다. 사실 나는 남자아이들이 처음으로 나에게 보여 준 난폭하고 소란스러우며 공격적이기까지 한 이런 행동에 어떻게 대처해야 할지 알 수가 없었다. 이런 모습을 보면서 남자아이들은 남성성의 전형적인 행동과 품성을 가진 것처럼 느끼기도 했다.

두 번째로 아이들을 찾아갔을 때 엄마와 함께 등원한 민형이는 따뜻하고 다정한 태도로 길리건 교수와 나에게 인사를 건넸다. 엄마가 길리건 교수와 이야기를 나누는 동안 민형이는 책을 보고 싶어 했다. 그러자 젠 선생님이 민형이를 무릎 위에 앉히고 책을 읽어 주었다. 내가 그쪽을 바라보자 민형이는 손으로 총 모양을 만든 뒤 나를 '쏘았다'. 내가 누군지 아이들이 궁금해할 것이라는 생각도 잠시 들었지만, 순간 당황한 나머지 민형이에게 아무런 호응도 하지 못한 채 그저 바라볼 수밖에 없었다.

하지만 이와 동시에 남자아이들은 거칠고 몸으로 놀아 주는 걸 좋아한다는 고정관념에 따라 이러한 놀이를 통해 아이들과 보다 쉽게 가까워질 수 있을 것이라고 생각했다. 그렇지만 시간이 지나면서 아이들과 점차 친해질수록 나는 남자아이들이 다른 사람들과 어울리는 능력과 방식에 대해 좀 더 폭넓게 관찰하고 이해할 수 있었다. 그로 인해 내가 남자아이에 대한 편견으로 연구의 범위를 제한하고 있었음을 깨달았다.

물론 남자아이들이 거칠고 소란스러운 장난을 좋아한다는 사실에는 의문의 여지가 없다. 그렇지만 여자아이들 역시 비슷한 신체적인 접촉을 통해 나와의 관계를 만들어 갔다는 점, 그리고 그 모습 역시 꽤 거칠었다는 사실을 여기서 꼭 언급해야겠다. 다섯 번째로 아이들을 찾아갔을 때 나는 교실 바닥에 앉아 남자아이들이 블록 장난감을 가지고 노는 모습을 바라보고 있었다. 그때 여자아이 네 명이 한꺼번에 다가와 내 몸 위로 기어오르려고 했다. 아이들 때문에 내가 중심을 잃고 비틀거리자 여자아이들은 즐거운 듯 킥킥거리며 소리를 질러 댔다. 그러자 이 모습을 흥미롭게 보고 있던 남자아이들마저 갑자기 우르르 몰려왔고, 내가 몸을 가누기 위해 쪼그려 앉자 너 나 할 것 없이 내 몸을 올라타기 시작했다. 내가 몸을 빼내 바로 서려고 할 때마다 신이 난 아이들은 이를 제지했다. 결국 루시아 선생님이 들어와서야 나는 아이들에게서 벗어날 수 있었다.

남자아이는 혼자 있을 때 행동이 달라진다

시간이 흐르자 남자아이들이 나를 대하는 방식이 조금씩 달라지기 시작했다. 특히 또래 아이들과 떨어져 무리가 아닌 홀로 나에게 접근해 올 때면 그런 모습을 보였다.

독서 시간이 되자 민형이가 내 무릎 위에 앉고 싶어 했다. 내 품에 편안히 자리를 잡고 앉은 뒤에는 선생님이 들려주는 이야기를 들으면서 소곤소곤 자기 생각을 들려주기도 했다. 내게 물감 묻은 손을 닦겠다며 협박했던 게 불과 며칠 전의 일이었다. 제이크 역시 내게 놀이를 제안했다. 전신 거울 앞에 서서 손바닥으로 얼굴을 가렸다 보여 줬다 하는 놀이였는데, 신나게 놀던 중 그만 중심을 잃고 뒤로 벌렁 넘어지고 말았다. 그동안 지켜봐 온 바로는 간혹 남자아이들은 과잉보호를 받는다는 생각이 들면 방어적으로 행동했기 때문에 나는 지나친 관심을 보이지 않도록 주의하며 괜찮으냐고 물었다. 제이크는 연신 머리를 문지르면서도 괜찮다며 고개를 끄덕였다. 그리고 진짜로 아무렇지 않은 듯 "머리가 따끈따끈해졌어요."라고 말하며 웃었다.

아이들과 함께하는 시간이 늘어날수록 전형적인 남자아이의 모습뿐만 아니라 사려 깊고 침착한 모습 등 다양한 모습을 확인할 수 있었다.

한번은 수업이 끝나갈 무렵 교실에서 아이들의 관찰 기록을 적고 있었다. 이때 롭이 내 옆으로 다가와 앉았다. 하도 조용히, 소리 없이 다가왔기에 처음에는 롭이 옆에 있는 줄도 몰랐다. 롭의 존재를 눈치채고 네가 옆에 있는 줄 몰랐다고 말하니 롭은 차분한 눈으로 나를 바라보며 살짝 웃어 보였다. 롭의 태도는 침착하면서도 느긋했다. 그렇다고 억지로 말을 참고 있는 것처럼 보이지는 않았다. 마치 나를 방해하지 않으려는 듯 그저 불필요한 말이나 쓸데없는 행동을 하지 않았다. 롭은 그렇게 한참동안 내 옆에 앉아 내가 노트에 무언가를 적고 있는 모습을 참을성 있게 바라보았다.

내가 하던 일을 마치고 자리에서 일어날 준비를 하자 그제야 롭은 "전 칼싸움과 기사에 대해 아주 많이 알고 있어요."라고 자랑스럽게 말했다. 내가 자못 흥미가 있는 듯 "아, 그러니?"라고 반응하자 롭은 신이 나서 다음번에 오면 모든 이야기를 들려주겠노라고 씩씩하게 소리쳤다.

남자아이와
신뢰 쌓기

시간이 지날수록 낯선 '어른'이란 경계심과 불신이 사라지자, 아이들은 친구에게도 털어놓지 못했던 속마음들을 이야기하기 시작했다. 특히 친구들 사이에서 절대적인 영향력을 미치던 마이크와의 신뢰 쌓기는 무엇보다 중요한 의미를 가졌다. 남자아이들의 발달 양상을 올바로 이해하는 데 중요한 부분이었다.

함께하는 시간이 늘어갈수록 아이들과의 사이도 조금씩 가까워져 갔다. 그러나 이따금씩 남자아이들은 나에게 거리감을 일깨워 주곤 했다. 그들의 신뢰를 얻으려고 무척이나 노력하고 있던 순간에도 말이다. 예를 들어 블록 장난감을 가지고 놀고 있는 남자아이들에게 내가 다가가자 민형이가 이렇게 말했다. "어른은 안 돼요."

그렇지만 대부분의 남자아이들이 전에 비해 나에 대해 신경을 덜 쓰게 된 것도 분명했다. 물론 여전히 나를 주시하긴 했지만, 어느새 경계심을 풀고 내가 곁에 있어도 자기들이 하는 일에 몰두하는 모습을 보였다. 그 덕분에 나는 아이들 사이에 섞여 좀 더 가까이에서 그들을 관찰할 수 있었다. 이방인처럼 아이들 곁을 맴돌던 때와는 위치가 달라진 것이다. 심지어 자기들의 대화에 나를 끼워 주기도 했다.

이처럼 내가 정기적으로 아이들 앞에 모습을 드러내면서 거리를 좁혀 갔던 것과는 달리, 아이들은 여전히 내가 왜 자기들을 찾아오는지, 그리고 여기에서 무엇을 하고 있는지 정확하게 알지 못했다. 나는 이곳에 찾아온 목적을 숨길 생각이 없었기 때문에 아이들이 무엇을 물어보든 기꺼이 대답해 주었다. 그럼에도 아이들은 정확히 이해하지 못했고 결국 나중이 돼서 나에게 무엇을 하고 있는지 물어보았다. 관찰을 시작한 지 몇 개월쯤 지났을 무렵이었다. 내가 자신들의 행동이나 대화를 관찰하는 것을 어느 정도까지 허락해야 할지 조심스러워하는 것 같았다.

그중 댄은 나에게 왜 항상 뭘 적기만 하는지 물었다. 나는 그래야 나중에 무슨 일이 있었는지 기억할 수 있다고 대답해 주었다. 그리고 제대로 이해를 돕기 위해 메모 중에서 댄과 나눈 이야기의 일부를 읽어 주었다. 댄은 자기에 대한 것만 적느냐고 물었고 나는 다른 아이들에 대해 적은 것들도 읽어 주었다. 댄은 그걸 듣고 소리 내어 웃었다.

마침내 다른 남자아이들도 여기서 무엇을 하고 있는지 나에게 묻기 시작했다. 열두 번째로 아이들을 찾아갔던 날 나는 휴대용 카세트 녹음기를 들고 있었다. 그런 걸 가지고 간 게 처음이었으니 아이들이 큰 관심을 보이는 건 당연했다. 이때 댄과 마이크는 영화 〈스타워즈〉의 한 장면을 흉내 낼 준비를 하며 필요한 도구를 찾아 어슬렁거리고 있었는데, 마이크가 갑자기 내 앞에서 멈춰 서더니 내가 갖고 온 녹음기에 대해 물었다. "그걸 왜 가지고 왔어요?" 나는 이건 녹음기라는 것인데, 사람들이 하는 이야기를 녹음하는 데 사용하는 것이라고 설명해 주었다. 의도한 건 아니었지만 충분한 설명이 되지 못했음에도 마이크는 "아~!" 하는 한마디만 무성의하게 내뱉고는 다시 자기가 하던 일로 되돌아갔다. 물론 약간 이해를 못하는 것 같기도 했다. 그사이 빨리 놀이를 시작해 더 이상 귀중한 자유 시간을 낭비하고 싶지 않았던 댄은 교실에 있던 하얀색 레이스 천을 가져와 내 머리 위에 부드럽게 올려놓고는 불쑥 이렇게 말하는 것이었다. "우리는 이제부터 우리끼리만 있다고 생각할 거예요." 댄은 흩어진 아이들을 이끌고 스타워즈 놀이를 시작했다. 아이들이 한껏 놀이에 빠져들고 나서야 나는 레이스 천을 치우고 아이들의 모습을 노트에 담을 수 있었다.

시간이 지날수록 나아지긴 했지만 남자아이들은 대부분 나를 무시하고 자기 일에만 집중했다. 그중에서도 특히 마이크는 내 시선을 피하고 싶어 했고 끝내는 교실 한쪽 구석에 몸을 숨겼다. 나중에 안 사실이지만, 그곳은 마이크가 즐겨 몸을 숨기는 장소로, 누군가의 시선을 피하고 싶으면 으레 그렇게 한다는 것이었다. 마이크는 여전히 나에 대해 미심쩍어하는 눈치였고, 내가 옆에 있으면 말과 행동을 조심스러워했다. 나는 너를 곤란하게 만들고 싶지 않으며 그저 네가 무엇을 하고 있는지 알고 싶을 뿐이라는 사실을 이해시키기 위해 애를 썼다. 내게 편히 말을 할 수 있도록 남자아이들이 쓰는 표현들을 사용해 말을 걸기도 했다. 블록 놀이를 할 때였다. "여기 악당이 있니? 그들을 물리치려고 하니?"라는 물음에 마이크가 조심스럽게 고개를 끄덕이자, 내가 하는 질문을 옆에서 듣고 있던 롭이 바로 그렇다는 듯 힘차게 고개를 끄덕이며 마이크 편을 들었다. 잠시 뒤 내가 자신이 만든 것을 유심히 살펴보고 있다는 사실을 알아차린 마이크는 다시 뭐라고 더 설명을 하고 싶어 하는 것처럼 보였다. 마이크는 이야기를 시작했다. "이건 특별한……." 그리고 뭔가 적절한 말을 고르려는 듯 말을 멈췄다. 아이가 주저하고 있다는 걸 느낀 나는 격려해 주기 위해 웃는 얼굴로 말했다. "특별한 무기니?" 그러자 마이크는 깊게 한숨을 몰아쉬며 이렇게 말했다. "이건 대포예요. 이건 폭탄이고요." 마이크의 얼굴에는 금방 불편해하는 기색이 드러났고 이내 내게서 등을 돌렸다.

아이들의 이러한 모습을 통해 나는 남자아이들이 내게 대단히 정직하고 솔직한 모습을 보여 주고 있음을 알게 되었다. 아이들의 행동에는 그들의 생각과 느낌이 그대로 나타났는데, 거기에는 나를 믿어도 되는지에 대한 의심과 머뭇거리는 감정까지 고스란히 드러났던 것이다.

나는 아이들이 스스로 준비가 되었을 때, 자신들이 편한 방식으로 나에게 다가와 주는 것에 고마움을 느꼈다. 어쨌든 나의 목표는 남자아이들의 관점에서 그들의 성장을 이해하는 것이었으니까 말이다. 나는 남자아이들이 자기들만의 행동 방식으로 나와 소통하려고 하는 것이 무척이나 고마웠다. 아이들이 이렇듯 솔직하고 거침없이 나에 대한 의심과 염려를 드러냈던 까닭에 마침내 아이들이 나에게 다가와 나를 믿고 모든 것을 보여 주고 말하였을 때 나 역시도 아이들을 신뢰할 수 있었다.

남자아이는 마음을 허락한 상대에게만 약한 모습을 보인다

마이크는 남자아이들 중에서 마지막까지 나와의 접촉을 꺼려했다. 다른 아이들이 나를 나쁘게 생각하지 않고 또 내가 무기를 만드는 등 금기 행동들을 해도 선생님에게 일러바치지 않는다는 사실을 알게 되었어도 말이다. 그러나 그 의심 많던 마이크조차 자신의 아픈 가정사를 털어놓을 만큼 우리는 조금씩 편한 사이가 되어 갔다. 평소 마이크는 그런 이야기를 잘 하지 않았다.

마이크와 따로 이야기를 나누게 되었을 때 마이크는 내게 부모님이 이혼한 사실을 털어놓았다. 마이크와 단 둘이 이야기를 나눈 것은 그때가 처음이었다. 사실 나는 마이크가 나를 기꺼이 만나려고 했다는 사실부터 놀라웠다. 평소 마이크는 나와 엮이는 걸 피했으니까 말이다. 내가 면담을 위해 마이크에게 따라 오라고 손짓하자 눈을 크게 뜨고 웃으며 자리에서 일어났다. 그리고 내 옆으로 뛰어왔다. 마이크에게 친구랑 같이 와도 된다고 했지만 그냥 혼자서 나를 만나겠다고 했다.

자리를 잡고 앉았을 때 마이크와 나는 둘 다 약간 위축되어 있었다. 평소 친구들 사이에서 보이던 거친 사내아이의 모습은 온 데 간 데 없이 사라지고, 마이크는 작고 연약해 보였다. 그런 모습을 보니 내가 마이크를 돌봐 주더라도 내치지 않겠다는 생각이 들었다. 평소 마이크는 약해 보이는 걸 극도로 싫어했다.

나: 마이크, 춥니?

마이크: (생각 없이 반사적으로 대답하는 듯) 아니요.

나: 그렇구나.

마이크: 추우세요?

나: (머뭇거리며) 조금. 너는?

마이크: 사실 저도 좀 추워요.

내가 대답을 망설인 이유는 어쩌면 내가 춥다고 하면 마이크가 불편해할까 봐, 그래서 뭔가 부담을 느낄 거라고 생각했기 때문이다. 나는 아이에게 그런 부담을 지우고 싶지 않았다. 하지만 나는 춥다는 사실을 인정했고 내가 먼저 약한 모습을 드러냈기 때문에 마이크도 자신 역시 춥다고 솔직하게 말할 수 있었다고 생각한다.

나: 가서 뭐라도 좀 가져올까? 음, 나 혼자 갔다 올 수는 없겠구나. 대신 내 옷이라도 걸치고 있을래?

마이크: (어리광 부리는 듯한 목소리로) 음, 네. 아! 이거 기억나요. (내가 갖고 있던 플레이모빌 장난감을 가리키며)

나: 그래? 자, 우선 내 옷을 걸치고 있으렴. 그러면 더 이상 춥지 않을 거야. 옷이 좀 크구나. 그렇지 않니?

마이크: (어리광 부리는 듯한 목소리로) 네, 조금 큰 거 같아요.

마이크는 평소 남들을 제압하는 위치에 있었고 특히 또래 아이들과 있을 때는 더욱 그랬다. 그렇지만 이번에는 어리광을 부리는 듯한 태도로 내 도움을 선뜻 받아들였고 자기를 보살피는 것을 허락했다. 이렇듯 자신의 약한 모습을 드러낼 수 있었던 까닭에 마이크가 내게 자신의 부모님이 이혼했다는 사실을 말해 줄 수 있었는지도 모르겠다.

나: 아빠랑 같이 아빠 일하는 곳에 가본 적이 있니?

마이크: 아니요, 한 번도 가본 적 없어요.

나: 그래? 그러면 아빠가 일하는 모습도 본 적이 없어?

마이크: 아빠가 사는 아파트에는 가본 적 있어요. 그렇지만 아빠는 거기서 일 안 해요.

나: 아, 그렇구나.

마이크: (우울한 목소리로) 아빠는 엄마랑 헤어졌어요.

나: 아, 그랬구나. 그래서 넌 어떠니?

마이크: (머뭇거리며) 아마 한 달 안에 엄마랑 아빠랑 다시 같이 살게
　　　 될 것 같아요.

나: 아, 그러니? 왜 그렇게 생각하니?

마이크: (한숨을 몰아쉬며) 잘 모르겠어요. (다시 장난감 쪽으로 시선을 돌리
　　　 며) 이건 뭐예요?

나: 무슨 일이 있었니? 엄마랑 아빠랑 왜 헤어지게 되셨지?

마이크: 아빠가 막 뭐라고 그랬어요. 막 뭐라고……. 그러니까 그냥
　　　 막 뭐라고 그랬어요.

나: 아빠가 막 뭐라고 그랬다고?

마이크: 끙. 우리 아빠 잘 모르시니까.

나: 그럼 아빠가 다시 오셨으면 좋겠니?

마이크: (즉시 대답한다.) 네.

나: 그러니? 아빠도 꼭 다시 돌아오고 싶어 하실 거야.

마이크: (한숨을 내쉬며) 네, 정말이요.

마이크는 그렇게 대답한 뒤 장난감을 가지고 놀기 시작했다. 비록 부모님의 이혼에 대해서는 더 이상 말하길 원하지 않았지만 마이크는 우리가 함께하는 시간 동안 계속해서 어떤 식으로든 나와 관계를 이어 나가려고 했다. 이 순간을 아주 안전하고 편안하게 느끼는 것 같았다. 마이크는 이야기하는 내내 나와 눈을 마주쳤고 내가 무슨 말을 하든지 놓치지 않았다. 그리고 내 질문에 대해 매우 신중하게 대

답했다.

예를 들어 내가 남자아이와 여자아이 사이의 가장 큰 차이점이 무엇인지 물어보자 마이크는 이렇게 대답을 시작했다. "음, 긴 머리랑 짧은 머리요." 그렇지만 이내 잠시 생각에 잠기더니 또 이렇게 대답했다. "그렇지만 짧은 머리를 한 여자도 있어요." 그리고 마침내 이런 결론을 내렸다. "사실 차이점을 잘 모르겠어요." 어떤 때 행복한지를 물었을 때는 의외로 쉽게 대답하기도 했다. 깊게 생각하는 일 없이 즉시 이렇게 대답한 것이었다. "풍선껌 불 때요."라고. 마이크는 내가 하는 질문에 싫증이 나자 이내 내게 신호를 보냈다. 눈알을 굴리며 몸을 푹 숙였다가 뭔가 짜증스러운 듯 목소리를 높였다. "나도 잘 모르겠어요." 내가 웃으며 "내가 물어보는 게 이제 재미가 없니?"라고 묻자 즉각 대답이 날아왔다. "네!"

나와의 첫 일대일 만남에서 마이크는 아주 솔직한 모습을 보여 주었다고 생각한다. 마음을 열고 나와 대화를 나누었을 뿐 아니라 새로운 환경에서 여러 가지 주제에 대해 이야기했음에도 자신의 상태를 기꺼이 보여 주었기 때문이다. 부모님이 헤어진 이야기를 할 때는 다소 우울한 듯했지만, 최근에 본 오페라에서 가장 마음에 드는 장면을 흉내 낼 때는 다시 활기가 넘쳤다. 그리고 질문이 너무 많고 지루하다 싶으면 그렇다는 걸 확실하게 표현했다. 마이크가 보여 준 행동들 중에서 딱히 특별한 건 없었지만 자신의 마음에 품고 있던 생각을 말하고 그 즉시 본능적으로 행동하는 모습은 나를 무척 놀라게 했다.

이 만남 이후 마이크는 더 이상 나를 경계하지 않았고 다양한 방식으로 나와의 교류를 시도하게 되었다.

2장

"무엇이 아들의 능력을
빼앗아 가는가"

아들의
대인관계

우리가 몰랐던
아들의 능력

부모는 아들이 딸에 비해 감정 표현에 인색하고 사람과의 교류에 서툴다고 생각한다. 그러나 실상은 달랐다. 특히 아빠와의 관계는 우리도 몰랐던 아들의 이러한 능력을 발달시키는 역할을 한다.

남자아이들과 함께하는 시간이 쌓여 가면서 나는 이 시기 남자아이들이 자신의 성품과 능력을 충분히 발휘할 수 있는 사회적 역량을 갖고 있음을 알게 되었다. 이러한 능력은 우리가 그동안 남자아이의 성장 발달에 관한 문헌에서 보고 들었던 일반적인 상식과는 매우 달랐다. 다음은 내가 발견한 남자아이들의 능력이다.

- **주의력**(다른 사람의 말을 경청하고 타인과의 상호작용에 사려 깊게 반응함)
- **표현력**(자신이 알고 경험한 것을 명확하고 일관성 있게 설명할 수 있음)
- **진정성**(자신의 생각과 느낌, 욕구에 따라 행동할 수 있음)
- **직접성**(의미와 의도를 솔직하고 직접적으로 표현할 수 있음)

아이들은 대단히 사려 깊었으며, 자신의 생각이나 경험을 정확하고 솔직하게 표현했다. 주어진 상황을 충분히 살핀 후 행동을 선택하기도 했다. 남자아이들이 자기중심적이며 공감 지능이 부족하고 감정 표현에 서툴다는 일반적인 평가와 달리, 내가 관찰한 남자아이들은 주변 사람들을 세심하게 살폈다. 또한 관계 안에서 벌어지는 일이나 자신을 향한 부정적인 반응에 민감했으며, 사회적 관계와 문화적 배경에서 요구하는 행동 기준이나 양식에 매우 예민하게 반응했다. 내향적이거나 외향적이거나 혹은 소심하거나 개방적이거나 상관없이 내가 관찰한 남자아이들은 모두 다른 사람들과 긴밀한 관계를 지속할 수 있기를 원했다. 이는 비단 유아기 아이들만의 특성은 아닐 것이다.

남자아이들이 유아원이나 학교라는 배경 안에서 다른 사람과 친밀한 관계를 유지하려는 욕망과 능력은 특히 아빠와의 상호작용 안에서 더욱 두드러졌다.

예를 들어 엄마 대신 롭을 유아원에 데려다 주는 날이면, 롭의 아빠는 롭이 심리적으로 안정될 때까지 함께 조용히 놀다 가고는 했다. 롭의 아빠 역시 롭처럼 부드럽고 조용한 사람으로, 함께 있는 동안 그다지 많은 말을 나누지는 않았지만 그럼에도 불구하고 두 사람은 장단이 잘 맞았다. 이야기를 나누는 그들의 목소리는 매우 부드러웠고 나직했다. 포옹이나 뽀뽀를 많이 나누지 않아서 겉보기에는 애정이 넘치는 부자 관계로 보이지 않았지만 두 사람의 관계는 분명 따뜻하고 사랑이 가득했다.

제이크의 아빠 역시 제이크처럼 성격이 다정하며 사랑이 넘쳤다. 제이크와 제이크의 아빠는 롭과 롭의 아빠와 달리 활발하고 기운이 넘치는 부자로, 열정적이며 감정 표현에도 적극적이었다. 떠날 시간이 되면 제이크의 아빠는 무릎을 꿇고 제이크를 바라보며 이제 가야 한다고 전했다. 그러면서 제이크에게 꼭 안아 달라고 말하며 아주 기운찬 목소리로 이렇게 덧붙였다. "뽀뽀도!" 그러면 제이크는 아빠의 뺨에 입을 맞추었다. 아빠가 교실 문 쪽으로 걸어 나가면 제이크는 자리에서 벌떡 일어나 아주 즐거운 듯 아빠를 따라 달려갔다. 복도에서 제이크는 아빠를 다시 한 번 끌어안은 뒤에 얼굴 가득 웃음을 머금고 다시 교실로 뛰어 들어왔다.

항상 거칠고 공격적인 모습을 보이던 마이크조차 때로는 그런 모습을 잊은 듯 아빠와 매우 다정한 모습을 보여 주었다. 어떤 날은 교실에 들어오자마자 친구들에게로 달려가는 대신 아빠랑 함께 책을 보며 놀기도 했다. 책을 읽고 나면 마이크의 아빠는 아들을 껴안으며 뽀뽀를 해달라고 했다. 마이크는 보통 아빠의 그런 부탁을 잘 들어주지 않거나 들어주더라도 머뭇거리기가 일쑤였는데, 이런 날은 그런 모습을 버리고 진심을 다해 아빠의 부탁을 들어주었다. 눈을 꼭 감고 함박웃음을 지으며 아빠의 등을 다정하게 쓰다듬는 것이었다. 그리고 아빠를 꼭 끌어안아 주었다. 그런 다음 마이크와 마이크의 아빠는 떨어져서 잠시 동안 서로를 바라보며 그 순간을 누렸다. 마이크는 즐거운 듯 아빠를 놀리며 장난을 쳤고, 아빠는 몸을 숙여 아들을 꼭 붙잡으려고 했다. 마침내 아빠가 교실을 떠나고 나면 마이크는 행복한 듯 노래를 흥얼거리며 자리에 앉아 책을 읽기 시작했다.

이러한 아빠와의 긍정적인 관계를 통해 느낀 안정감, 즐거움 등의 감정들은 남자아이들에게 자기 확신과 용기, 자신감이 되어 하루하루를 살아가는 힘이 되어 주는 듯했다.

남자아이들은 아빠뿐만이 아니라 친구들과도 다정하고 따뜻한 모습을 보이곤 했다. 롭이 어린이용 흔들의자에 앉아 기분 좋게 몸을 흔들고 있을 때 민형이와 토니가 다가왔다. 민형이가 먼저 롭의 무릎 위에 앉았고 그다음에 토니가 민형이의 무릎 위에 앉았다. 세 아이가 한 의자에 포개어 앉아 몸을 천천히 흔들자 롭은 자장가를 불렀다. 아이들은 서로 몸을 기대듯이 껴안은 채 수업을 듣기도 했다. 남자아이들의 이러한 다정하고 애정 어린 행동들이 또래 남자아이들과 어울리는 데에 나쁜 영향을 미치는 것처럼 보이지는 않았다. 이러한 모습들은 우리에게 남자아이들이 어떻게 관계를 맺으며 사회적 상호작용을 이끌어 가는지 알려 준다. 우리가 남자아이에 대해 갖고 있는 편견과 달리 말이다.

아들의 능력은
왜 사라지는 것일까?

남자아이들은 친구들과 어울리면서 본래의 능력을 잃어가고 성격이 변해 가는 모습을 보인다. 주변에서 자신에게 요구하고 기대하는 모습을 흉내 내고 자신의 본모습을 숨길 때 얻는 이점들을 깨달아 가기 때문이다.

나는 아이들이 관계 속에서 어떻게 변해 가는지에 주목했다. 아이들의 모든 성장은 관계에서 비롯되기 때문이다. 아이들이 친구들(혹은 선생님)과 어울리며 어떻게 자신의 존재를 드러내고 표출하는지 살폈다. 내가 유아원을 방문한 지 반 년 정도 지났을 무렵 변화가 일어났다. 사려 깊고 자신의 생각과 경험을 거침없이 표현했던 아이들에게서 새로운 모습들이 보이기 시작했다.

- 사람들과 깊은 관계를 맺기보다 더 깊은 인상을 심어 주는 데 집중하기 시작했다.
- 친구들과의 관계나 소속감을 위해 혹은 다른 사람의 기대를 충

족시키기 위해 자신의 의견이나 기호(흥미) 등에 대해 표현하는 걸 꺼려하기 시작했다.

- 문제를 피하기 위해 자신의 뜻과 의도를 모호하게 만드는 법을 배우기 시작했다.

이러한 변화는 아이들이 다른 사람들의 인정을 얻는 데 집중하기 시작하면서 일어났다. 점점 자신이 속한 무리 혹은 문화에서 남자아이에게 요구하는 행동 기준에 자신의 행동을 맞춰 나가는 법을 배우게 된 것이다. 그리하여 자신들이 원래 가지고 있던 사회적 역량이 드러나지 않게 되었다.

친구들과 어울리며 일어나는 이러한 변화는 남자아이들이 남성성의 기준에 따르기 때문만은 아니었다. 남자아이들이라면 으레 거칠게 행동하고 힘이 넘치기 마련이니까 말이다. 그리고 이는 때때로 어른들에게 남자아이들이 제대로 성장하고 있음을 나타내는 증거가 되기도 한다.

내가 처음 유아원을 방문했을 때도 남자아이들의 이러한 행동이 눈에 두드러졌다. 쉬는 시간이면 남자아이들은 운동장 바닥에서 흙을 움켜쥐고는 "약 먹어라!"라고 외치며 하늘 높이 던져 올렸다. 서로 뛰고 숨으며 쫓아다녔고, 때때로 여자아이들을 놀리며 신경을 건드렸다. 음식 모형의 장난감을 먹는 흉내를 내며 놀다가 신이 나서 던지기도 했다. 남자아이들은 하나의 거대한 무리를 이루며 놀았고, 반면에 여자아이들은 둘씩 짝을 지어 노는 경우가 많았다.

연구 초반에만 해도 남자아이들은 이처럼 남자아이 특유의 요란한 행동을 일삼는 와중에도 여전히 사려 깊고 풍부한 감성을 드러내곤 했다. 그리고 아이들의 모습을 통해서 알 수 있듯이 그러한 능력이 남자아이답게 행동하는 것을 가로막는 것은 아니었다. 오히려 내가 관찰한 바에 의하면 친구들과 어울리는 데 더 도움이 되었다. 다만 아이들이 자기에게 요구되는 행동 기준에 맞추기 위해 과도하고 부자연스럽게 행동을 꾸미기 시작하면서, 그러한 가짜 모습에 의해 진짜 모습을 점차적으로 잃어 가게 되었다.

아들은 자신을 숨기고 꾸미는 법을 배워 간다

남자답게 행동해야 한다는 사회적 기대를 충족시키는 방법으로써, 아이들은 대부분 매체나 주변에서 보고 들은 것들을 흉내 내며 자신의 모습을 꾸미려고 한다. 예를 들어 마이크는 늘상 어디에서 본 듯한 행동을 취하곤 하였는데, 이는 마이크를 강인하고 확신에 찬 것처럼 보이게 했다.

어느 날 마이크는 친구들에게서 뭔가 소외감을 느끼고 있는 것 같았다.

나: (다정하게) 마이크, 제이크랑 아까 무슨 일이 있었니? 화가 났어?

마이크: (부드럽게) 아무것도 아니에요. (단호하게) 그냥 우리 일이에요.

나: 아, 미안. 그럼 지금은 기분이 좀 나아졌니?

마이크: 네. (라디오에서 들은 유행가를 따라 부른다.) 나는 쓰러졌지만 다시 일어난다네. 넌 나를 어쩔 수 없어 ~~.

마이크는 자신의 기분에 대해 더 이상 이야기하고 싶어 하지 않았다. 최소한 나하고는 말을 하고 싶지 않은 모양이었다. 마이크는 이렇게 짐짓 꾸민 듯한 태도로 내 질문을 피하고자 했다. 그럼으로써 나의 참견으로부터 스스로를 보호할 수 있었다.

남자아이들의 이러한 태도는 일종의 '역할극'처럼 비춰지기도 했다. 내가 유아원을 찾아갔을 때 하루는 마이크가 롭을 향해 장난감을 혼자 독차지한다며 거칠게 화를 내고 있었다. 상황을 살펴보니 롭과 제이크가 교실을 재현한 플레이모빌 장난감을 가지고 놀고 있었다. 그 모습을 본 마이크가 놀이에 동참했고, 얼마 지나지 않아 "롭, 너는 항상 좋은 것만 차지하잖아." 하는 마이크의 불만이 터져 나왔다. 롭은 자신이 그렇게 한 건 몇 번 되지 않는다며 적극적으로 해명하려고 했다. 똑같은 비난을 듣고 싶지 않았던 제이크는 즉시 "나는 그거 한 번밖에 안 가지고 놀았어."라는 말로 자기는 다 같이 쓰는 장난감을 독차지하려 하지 않는다며 롭과 선을 그었다. 그때 미란다(같은 반 여자아이)가 곁을 지나가자 방금까지 화를 내던 마이크는 갑자기 장난기 어린 표정으로 "미란다, 너 엄청 탔네. 완전 까매!" 하며 말을 걸었다. 그렇게 잠깐 미란다와 장난을 치던 마이크는 순식간에 다시 표정을 바꾸고는 롭을 향해 아까 하던 이야기를 계속 이어갔다.

마이크: (엄한 목소리로) 너 혼자 그 장난감을 백 번이나 가지고 놀았어.

롭: (긴장한 듯) 어, 그래서 지금 제이크한테 주려고 했어. 이제 제이크한테 줄 거야. 그리고 내일은 네가 가지고 놀면 되잖아. (롭은 갖고 있던 장난감을 제이크에게 주었고, 제이크는 자기 것을 롭에게 내민다.)

마이크: (불만족스러운 듯) 좀 전까지 너만 가지고 놀았잖아.

롭: (그렇지 않다는 듯) 아니야, 안 그랬어.

마이크: (엄한 목소리로) 아, 그래? 난 너랑 앞으로 절대 같이 안 놀 거야.

롭: (사정하듯이) 그거 내일 네가 가지고 놀아.

마이크: (엄한 목소리로) 그것만으로는 안 돼. 나한테 1만 달러를 내놔. 지금 당장 내놓으라고.

롭: (다급하게) 잠깐 내 말 좀 들어 봐. 제이크가 와서 그걸 먼저 가지고 갔다고. 오늘 처음 그걸 가지고 논 사람은 내가 아니라 제이크야.

마이크: (엄한 목소리로) 네가 그걸 먼저 가져갔으면 나에게 돈을 내야 해. 아까 말했지? 1만 달러야.

롭: (다급하게) 난 돈이 하나도 없어. 1달러가 전부야.

마이크: (위협하듯이) 그래? 그럼 이렇게 해볼까?

마이크는 롭을 자기 가슴으로 떠밀며 성난 얼굴을 들이밀었다. 그러더니 자리를 박차고 일어나 그 자리를 떠났다. 설사 마이크가 진심으로 롭에게 화가 났다고 하더라도 "1만 달러를 내놓으라."는 표현이나 롭을 밀치고 자리는 떠나는 행동, 미란다를 대할 때의 행동은 마이크가 다른 사람의 흉내를 냈다고밖에 생각할 수 없었다. 자신의 의도를 분명하게 전달하고자 아마도 텔레비전이나 어디에선가 본 거친 남자의 흉내를 내기로 결심한 듯했다. 그렇지만 마이크는 역할을 흉내 내는 데 지나치게 몰두한 나머지 자신이 원하는 바 즉, 원하는 장난감을 손에 넣는 것에는 실패하고 말았다.

남자아이들은 특히 자신이 약하다고 느낄 때일수록 가면을 쓰고 자신을 숨긴 채 거칠게 행동했다. 아이들과 처음으로 교실이 아닌 다른 사무실에서 단체로 면담을 나눌 때였다. 아이들은 다들 불안한 표정으로 제발 자신을 지목하지 말았으면 하는 표정을 짓고 있었다. 나는 모인 아이들에게 도와줘서 고맙다는 인사를 한 뒤, 남자아이들이 어떤 생각을 하고 어떤 일을 하고 있는지 알고 싶다고 설명했다. 그런 다음 너희들이 남자아이들이니 남자아이에 대해 아는 대로 설명해 달라고 부탁했다.

나: (마이크에게 부드럽게) 남자아이에 대해 알려 줄 게 있을까?

제이크: (즉시) 몰라요.

나: 너희들이 자라면 어떻게 될까? 어떤 사람이 될까?

마이크: (확신에 차서) 난 나쁜 사람들과 싸울 거예요.

나: (흥미롭다는 듯) 정말?

제이크: (밝은 표정으로) 마이크는 경찰이 될 거래요. 그리고 나는 발명가가 될 거고요.

마이크: (확신에 차서) 정말이에요. 나는 경찰이 될 거예요. 나는 최고 스파이가 될 거예요. 사실 나는 이미 최고의 스파이거든요.

나: (흥미롭다는 듯) 그렇구나?

롭: (조용히) 나는 군인이 될 건데.

나: (흥미롭다는 듯) 정말?

마이크: (의심스럽다는 듯) 그러면 넌 죽을 거야.

롭: (잘 모르겠다는 듯) 난 상관없는데.

제이크: (단호한 말투로) 그럼, 나도 상관 안 해. 나도 군인이 될 거니까.

나: (제이크에게) 너도 군인이 될 거니?

제이크: 네. 그리고 나도 싸우다 죽고 싶어요.

롭과 제이크가 거친 남자의 말투를 흉내 내며 "난 상관없어." "나도 죽고 싶어!" 같은 말들을 주고받기 시작하자, 마이크는 자리에서 일어나 자세를 바로 했다. 그리고 딱딱한 말투로 이렇게 말하기 시작했다. "잠깐만, 이건 군대 이야기잖아. 완전 다른 이야기야. 최고가 되는 건 완전 다른 거라고. 아니, 최고의 스파이가 되어서 비행기도 훔치고, 음, 그러니까 내 말은……." 마이크는 이야기를 하며 두 손으로 뒷

짐을 지고 왔다 갔다 했다. 그런 아이의 행동은 마치 수업을 하는 선생님의 모습과 비슷했다.

마이크의 '수업'은 몇 분 동안 계속되었다. 롭과 제이크 그리고 내가 계속해서 이야기 도중에 끼어들었지만 마이크는 정말 놀라울 정도로 자기 이야기에 집중하며 선생님과 같은 모습을 유지했다. 중간에 누가 끼어들어도 마이크는 마치 준비된 내용을 읽어 내려가듯 자신의 이야기 주제에서 벗어나지 않았다. 면담이 이루어지는 동안 마이크는 난처해하는 남자아이들을 대신해서 이야기를 자청했다. 얼핏 보면 친구들을 위한 배려라고 여겨지기도 했지만, 사실 마이크는 내 주의를 다른 곳으로 돌리고자 했다. 자신의 생각이나 경험에 대해서는 일절 함구한 채 내내 엉뚱한 말들을 쏟아내며 자신의 본 모습을 보여 주려고 하지 않았다. 그 대신 누군가를 흉내 내어 나와 일정 수준의 거리를 유지함으로써 스스로를 보호하고자 했다. 모두가 이 면담에서 벗어날 수 있는 방법이 확실치 않으니, 최소한 나의 질문을 받아야만 하는 불편한 위치에서 상황을 지배하는 위치로 역전시키고자 한 것이었다.

마이크가 보여 준 흉내 내기는 우리의 아들들이 어떻게 '남자아이'가 되어 가는 법을 배워 가는지 보여 준다. 그리고 그 남자아이란 씩씩하고도 강인하며 자신감이 넘치고 주도적인 사람이어야 한다는 사회적, 문화적 기준에 부합해야 한다. 아이들은 매일 다양한 매체와 문화 속에 퍼져 있는 극단적이고 편협한 남성성의 틀에 자신을 끼워 맞추면서 아들은 자신의 능력을 의심하게 된다. '나는 어떤 사람일까?' '내게 어떤 능력이 있을까?' 실제 자신의 재능과 자질에 상관없이 아들은 수치심과 자기 회의를 느낀다. 그리고 그 사실로부터 자신을 속이는 법을 배운다. 아들이 만약 갑작스럽게 반항하고 말썽을 일으킨다면, '자신의 마음속에서 일어나는 감정을 제대로 표현하고 있지 못하거나' '마음속 의문에 어설프게 답을 찾으려고 하고' 있기 때문이다.

친구들을 마주하면서 '진짜 남자아이'가 어떤 것인지에 대한 메시지를 무의식중에 받아들이게 된다. 그리고 그 기대에 부응하는 행동을 할 때 다른 사람에게 어떤 영향력을 미칠 수 있는지 깨닫게 된다. 이와 동시에 이를 통해 자신의 나약함을 감추고 보호할 수도 있음을 알게 된다.

그리고 남성성의 기준을 따를수록 사람들과의 관계에서 유용하고 효과적이라는 사실을 알게 된다. 이때부터 아이들은 자신들의 말과 행동 속에서 성별에 따른 모습을 유지하려고 노력하게 된다. 그러나 이것이 지나칠 경우 즉, 자신의 행동을 꾸며 다른 사람들을 대할 경우 또 이것이 지속될 경우, 진실한 관계를 맺기 힘들며 진짜 자신의 모습을 발견하기도 어려워지고 만다.

제이크 이야기 :
아들의 대인관계에 영향을 미치는 것
_솔직하며 감성적인 아이가 폭군 아이와 만났을 때

남자아이들이 실제 자신의 능력과 상관없이 대인관계에서 어떻게 자신의 모습을 꾸며 가고 변화시켜 가는지, 친구들과의 관계 속에서 살펴보고자 한다. 가장 변화가 컸던 제이크의 사례를 통해 그 요인을 엿볼 수 있다.

반에서 가장 사교적이며 감정에 솔직한 아이

제이크는 반에서 가장 사회적이며 외향적인 아이였다. 남자아이들뿐만 아니라 여자아이들과도 사이가 좋았으며, 어른들에게도 언제나 예의 바르고 상냥했다. 어느 날 내가 장난감을 들고 간 적이 있었는데, 봉지에 인쇄되어 있는 상표를 본 제이크가 흥분하여 소리쳤다. "와, 이거 헨리 베어스 파크 장난감 가게에서 사온 거네요. 나도 거기 가봤는데!" 제이크는 내가 자기처럼 케임브리지 근처에 살고 있다는 사실을 깨닫고는 기쁜 듯이 이렇게 말했다. "와, 끝내준다! 그러면 우리 집 근처에 살고 있는 거네요?"

62

제이크는 이처럼 상냥하고 유순할 뿐만 아니라 다른 사람을 세심하게 살폈다. 예를 들어 이런 일이 있었다. 제이크와 민형이가 블록 놀이를 하고 있을 때였다. 함께 놀고 있던 민형이가 시무룩해 보이자, 제이크는 일부러 활기찬 목소리로 완성한 블록을 보여 주며 열심히 말을 걸었다. "여기서 발사하는 거야!" 민형이가 여전히 우울한 모습으로 고개를 끄덕이자 제이크가 물었다. "민형아, 오늘 무슨 일 있어?" 민형이가 작은 목소리로 대답했다. "엄마가 보고 싶어." 그러자 제이크는 부드럽게 민형이를 달래 주었다. "괜찮아. 대신 친구들이 같이 있잖아."

한동안 아이들은 말없이 노는 듯 하더니 잠시 뒤 제이크가 즐거운 듯 소리쳤다. "여기 이 폭탄들을 좀 봐!" 그러자 기분이 한결 나아진 듯 민형이가 따라 외쳤다. "이건 허수아비고, 이건 로봇이야!"

나는 이 두 아이의 모습에 매우 놀랐다. 민형이의 미묘한 감정 변화를 알아차리고 도움을 내민 제이크, 자신의 감정과 그 이유까지 정확히 알고 표현해 내는 민형이. 이 아이들보다 더 큰 아이들, 심지어 어른들조차도 제이크와 민형이처럼 서로의 감정에 이처럼 솔직하고 즉각적으로 반응하기 힘들어한다. 상대방이 당황해하거나 화를 낼까 봐, 혹은 자신의 부끄럽고 약한 모습을 드러내게 될까 봐 선뜻 자신의 감정을 솔직하게 인정하기 힘들어한다. 그러나 제이크와 민형이는 서로의 감정에 솔직했고 자신들이 할 수 있는 한에서 적극적으로 행동했다. 게다가 민형이는 제이크의 반응을 편하게 받아들이는 것처럼 보였으며 억지로 괜찮아진 척하지 않았다. 마찬가지로 제이크 역시 과도하게 걱정하는 마음을 들이밀지 않았다. 오히려 두 아이는 있는 그대로 감정을 받아들이고 인정함으로써 함께 머물 수 있는 것처럼 보였다.

감정을 자유롭게 표현할 수 있음의 의미

제이크는 민형이와의 사례에서처럼 언제나 솔직하게 자신의 감정과 생각을 표현하였는데, 이러한 모습들이 독단적이며 공격적으로 비칠 때도 있었다. 제이크와 댄 사이에 일어난 다툼이 단적인 예다. 아이들끼리 장난감을 가지고 놀 때였다. 댄이 제이크에게 계속 명령하듯 이야기하자 화가 난 제이크가 댄을 발로 걸어차며 다툼이 일어났다. 루시아 선생님이 아이들에게 다가가 무슨 일인지 묻자 댄은 곧바로 자기가 희생자인 척 울음을 터뜨렸다.

댄: (울면서) 제이크가 나를 발로 걸어찼어요.
제이크: (화를 내며) 댄이 먼저 자기 멋대로 굴었다고요.
댄: 제이크가 나랑 롭이 노는 걸 망쳤어요.
제이크: (빈정거리듯) 그래 맞아. 그렇지만 롭이랑 먼저 놀고 있던 건 나라고.

댄이 상황을 제대로 이야기하지 않자 제이크는 이 점을 분명히 지적했다. 그렇지만 모든 정황을 제대로 알 리가 없었던 루시아 선생님은 제이크의 화가 난 모습보다는 댄의 우는 모습에 더 신경이 쓰이는 듯했다. 루시아 선생님은 댄과 롭이 둘이서 놀고 있는데 제이크가 끼어든 것이냐며 상황을 되물었다. 댄은 즉시 그렇다고 대답했지만, 사실 먼저 놀고 있었던 건 제이크였다. 결국 루시아 선생님은 제이크와 댄에게 서로 악수하며 화해하라고 했지만, 제이크는 그렇게 하지 않았다. 제이크는 루시아 선생님의 개입이 마음에 들지 않았다. 더욱이 자신이 잘못한 것처럼 상황이 흘러가니 댄과 화해하고 싶지도, 그렇다고 여기에서 뒤로 물러나고 싶지도 않았다. 그래서 계속해서 고집스럽게 댄에게 맞섰고, 심지어 루시아 선생님이 분위기를 환기시키기 위해 제이크의 주의를 다른 곳으로 돌리려 노력해 봐도 소용이 없었다. 제이크의 단호한 태도와 고집에 루시아 선생님은 결국 한발 물러서서 아이들을 지켜보기로 했다.

마침내 선생님이 주의를 다른 곳으로 돌리자 제이크는 다시 댄의 잘못을 지적하고 나섰다. "댄, 넌 항상 네 멋대로야." 댄은 제이크의 비난에 부정하지도 긍정하지도 않았지만 제이크의 말에는 귀를 기울이고 있는 듯했다. 이것만으로 제이크는 마음이 풀어진 것 같았다. 얼마 지나지 않아 두 아이는 아무 일도 없었다는 듯 민형이와 함께 만화책을 보기 시작했다.

민형: 호랑이 나오는 만화책 보자!

댄: (즐거운 듯이) 나도 그거 좋아해!

제이크: (신이 나서) 그래 나도 호랑이 나오는 만화책 좋아해!

제이크는 그저 자신의 뜻을 이야기하고 그것이 전달되기를 바란 것 같았다. 그래서 댄에게 자신의 기분을 이야기하고 이것이 받아들여지는 듯 보이자 다툼은 끝이 났고, 아이들은 그 일을 금세 잊어버렸다.

이토록 자신의 감정과 의견 표현에 적극적인 제이크는 친구들의 의견에도 언제나 귀를 기울였다. 결코 자신의 의견만을 고집하지 않았다. 다만 상황이 공정하지 못하다고 느낄 때에는 이에 대해 거침없이 지적했고, 자신의 표현을 막을 때에는 거세게 저항했다. 제이크는 스스로 결정을 내리는 데 아주 편안하고 익숙해 보였으며, 이를 가로막는 상황(혹은 그런 표현)에 대해서는 거의 조건반사적으로 거부 반응을 보였다. 예를 들어 롭이 놀이를 하던 중 제이크에게 이렇게 말했다. "네가 이 역할을 해야만 해." 그러자 제이크는 즉시 대답했다. "난 그렇게 할 필요 없어." 제이크는 그때 롭이 무슨 역할을 하라는 건지도 아직 모르는 상황이었는데도 말이다.

제이크는 이처럼 자신의 감정과 의견을 솔직하게 표현함으로써 자신의 주체성을 확립하고 존재를 확인해 나가는 듯 보였다. 그리고 이러한 모습은 상당 부분 부모님의 노력에 의해 형성된 것 같았다. 제이크의 부모님은 아들의 왕성한 호기심과 개성을 있는 그대로 받아들여, 자기 자신뿐 아니라 타인의 감정에 대해서도 이해할 수 있도록 교육시켰다. 그리고 상대방을 신뢰하고 예의 바르게 행동하도록 가르쳤다. 때때로 남자아이들은 자신이 원하는 것을 얻기 위해 아기 목소리를 내며 어리광을 피웠지만, 제이크만은 그러지 않는 유일한 남자아이였다.

그래서 제이크가 평소와 달리 감정을 숨기고 억제하는 모습을 보이기 시작했을 때 그 변화가 유독 두드러지게 눈에 띄었다.

📖 아들 성장보고서 플러스

아들이 자신의 감정을 모두 드러낼 수 있도록 도와주지 않는다면, 분노와 수치심이라는 두 가지 감정만 지닌 어른으로 자랄지도 모른다. 이는 아들의 인간관계를 저해하는 요인이 된다.

남자아이들의 서열은 아들의 행동을 좌우한다

언제나 자신의 감정에 솔직하던 제이크는 친구들과 어울리며 조금씩 다양한 모습을 보이기 시작했다. 상황이나 대상에 따라 변화를 보였는데, 특히 같이 노는 남자아이의 서열에 많은 영향을 받는 것 같았다.

롭이나 민형 그리고 댄처럼 자신과 비슷한 위치에 있는 아이들과 있을 때의 제이크는 여전히 변함없는 모습이었다. 언제나 그랬던 것처럼 친구들과 서로 협조하며 어울리기 위해 노력했고, 때때로 상대가 협조를 무너뜨릴 경우에만 공격적인 태도를 취했다.

내가 교실에 들어서자 롭이 다가와 플레이모빌 광고지를 보여 주면서 다음번에 올 때 이런 장난감을 가져다주면 좋겠다고 말했다. "이걸 가지고 놀고 시포요~."라며 한껏 어리광을 피웠다. 롭은 평상시 나와 이야기할 때 절대 그런 목소리를 내지 않았다. 이때 교실로 들어온 제이크가 광고지를 함께 보고 싶어 하자 롭은 마치 자기 것을 지키듯 이렇게 말했다. "넌 이거 많이 봤잖아." 롭은 아마도 제이크가 나를 설득해 새 장난감을 얻게 되면 그걸 먼저 가지고 놀게 될까 봐 걱정하는 눈치였다. 제이크는 화가 나서 이렇게 대꾸했다. "그 광고지가 너만 볼 수 있는 거야?" 롭도 지지 않고 외쳤다. "제이크, 네가 먼저 방해했잖아." 자신을 내치려는 롭의 태도에 화가 난 제이크는 교실 모습을 재현한 플레이모빌 장난감이 있는 쪽으로 걸어갔다. 제이크는 그것이 롭에게 얼마나 중요한지 잘 알고 있었던 것이다. 그리고 장난감이 들어 있는 플라스틱 통을 머리 위로 들어 올려 자신이 무엇을 하고자 하는지 롭에게 확실하게 보여 주었다. 마침 선생님이 들어와 상황이 정리되는 바람에 제이크의 행동은 거기에서 멈출 수밖에 없었다. 하지만 제이크는 댄이 자기에게 이래라저래라 명령하여 서로 간의 동등한 위치를 깨트렸을 때 그리고 루시아 선생님에게 사실

대로 이야기하지 않아 정직함에 대한 기대를 저버렸을 때 그에 대항했던 것처럼, 자기를 내치려고 함으로써 친구 간의 신뢰를 배반한 롭에게 보복하려고 했던 것만은 분명했다.

그러나 그런 제이크도 시간이 지날수록 모호한 태도를 보이기 시작했다. 특히 남자아이들 사이에서 자칭 대장이라고 주장하는 마이크와의 관계에서 그랬다. 서열뿐만이 아니라 마이크의 위압적인 태도에 눌려 제이크는 동등한 관계를 맺을 수가 없었다.

쉬는 시간이 끝난 후 교실로 돌아가기 위해 줄을 서면서 제이크는 손가락으로 권총 모양을 만들어 마이크에게 쏘는 시늉을 했다. 총에 맞는 희생자 역할을 하고 싶지 않았던 탓인지 마이크는 놀이를 받아주지 않으며 차가운 목소리로 이렇게 말했다. "마음대로 해. 난 안 죽으니까." 제이크가 너랑 더 이상 놀지 않겠다며 강하게 응수하자 마이크는 "넌 내 친구가 아니야." 라는 말로 단칼에 잘라 버렸다.

폭군 친구가 아들에게
어디까지 영향을 미칠 수 있을까?

강한 남성성을 가진 아이와 함께할 때 솔직하고 감성적인 아이는 자신의 존재를 부정당하는 경험을 반복하게 된다. 이는 아이를 위축시키고 자존감을 끌어내린다.

마이크에게서 받은 자신의 존재를 무시당하는 경험은 제이크에게 분명 어떤 식으로든 강력한 인상을 심어 주었을 것이다. 그러나 아직 다른 사람들을 대하는 방식에서는 그 영향을 찾아볼 수 없었다. 제이크는 이전과 변함없이 공정하고 다정한 모습을 보여 주었다. 예를 들어 민형이가 자신의 블록 장난감을 완성하기 위해 바퀴가 몇 개 더 필요하다고 하자 제이크는 선뜻 자기가 만든 것을 분해해 민형이에게 주었다.

그러나 시간이 지날수록 제이크는 조금씩 자신의 의견(생각)을 말하지 않게 되었다. 특별히 마이크와 관련된 일일수록 그런 경향이 두드러졌다. 젠 선생님이 아이들에게 탐정 이야기를 읽어 준 뒤 질문을 냈다. 제이크가 질문에 연달아 답을 맞히자 선생님은 제이크에게 훌륭한 탐정이 될 수 있겠다며 칭찬을 해주었다. 칭찬을 받은 제이크는 몹시 기분이 좋은 듯 고개를 끄덕였다. 그러자 마이크가 까칠한 태도로 이렇게 대꾸했다. "내가 너보다 더 좋은 탐정이야." 제이크는 고개를 숙이고 작은 목소리로 말했다. "그래, 나도 알아.' 마이크는 이에 멈추지 않고 자기가 왜 제이크보다 더 뛰어난 탐정인지를 계속해서 설명했다.

제이크는 종종 마이크의 이런 위압적인 태도에 당혹감을 느꼈고 혼란스러워하는 것처럼 보였다. 아마도 자신이 친구라고 생각하는 사람에게서 기대하거나 예상했던 반응이 아니었기 대문인 것 같았다. 쉬는 시간이 끝날 무렵 아이들은 줄을 서서 교실로 돌아갈 준비를 하고 있었다. 또다시 제이크는 손으로 총 쏘는 흉내를 내며 마이크에게 말을 걸었다. 두 아이는 손으로 권총 모양을 만들고는 얼굴을 마주 보았다. 제이크가 먼저 마이크를 겨누고 첫 방을 쏘았다.

제이크: (장난치듯이) 빵!

마이크: (맞서 쏘지 않고 단호한 목소리로) 쓰러져!

제이크: (다시 총을 쏘며) 빵!

마이크: (단호한 목소리로) 쓰러지라니까. 내가 "쓰러져!"라고 말하면 넌 이렇게……! (마이크는 총에 맞고 쓰러지는 모습을 보여 준다.)

제이크: (열을 내며) 그렇지만 너는…….

마이크: (제이크의 말을 가로막으며, 냉정한 목소리로) 아니, 내가 "쓰러져!"
라고 말하면 넌 그냥 쓰러져 죽는 거야.

제이크가 어떻게 해야 할지 고민하는 동안 마이크는 내가 자신들을 바라보고 있다는 사실을 알아차렸다. 마이크는 순식간에 아까의 위협적인 말투를 거두고 장난이라도 치듯 가벼운 어투로 말했다. "아~, 제이크." 그러면서 마치 아무 일도 없었다는 듯 "따라라라~." 노래를 부르는 것이었다. 그리고 제이크를 향해 태연하게 "이제 네 차례야."라고 말했다. 제이크는 이런 갑작스러운 마이크의 태도 변화에 굉장히 당황한 것처럼 보였지만 마이크의 장난스러운 목소리를 따라 흉내 내며 말했다. "알았다, 이놈. 아주 웃긴 놈이로구나. 내 총알을 받을 준비를 해라."

이런 식의 대화를 통해 마이크는 자신이 주도적인 위치에 있음을 분명히 했다. 마이크는 자기가 내린 결정에 제이크가 즉각, 그것도 아무런 반대 없이 따라 줄 것을 기대했다. 단 마이크는 어른이 보고 있으면 바로 뒤로 물러섰다. 다시 말해 마이크는 자신이 잘못된 행동을 하고 있다는 사실을 알고 있었으며 자신의 감정과 행동을 감추는 법도 알고 있었다. 최소한 어른들이 주위에 있을 때는 말이다. 그렇게 해서 문제가 생기는 것을 피할 수는 있었지만, 또래 친구들을 향한 위압적인 태도는 지속되었다.

마이크와의 관계는 제이크가 지닌 능력을 점점 약화시키기 시작했다.📝 마이크의 의견에 억지로 따를 수밖에 없는 상황이 반복되면서 제이크의 의견은 무시당하거나 배척당하고 아예 모욕당하곤 했던 것이다. 다른 친구들과 어울릴 때와 달리 제이크는 마이크에게 어떻게 대응해야 할지 알지 못하는 것 같았다. 평소 친구들이 자신에게 이래라저래라 시키는 것을 싫어하는 제이크였지만, 마이크에게는 아무런 저항도 하지 못했다. 심지어 마이크와 함께 있지 않을 때조차 스스로에 대해 부정적인 태도를 내비치기 시작했다. 어느 날 나는 제이크가 혼자 중얼거리는 소리를 듣게 되었다.

"둘, 넷, 여섯, 여덟, 누가 이겼지? 바로 마이크야! 둘, 넷, 여섯, 여덟, 누가 졌지? 그건 바로 제이크야!"

📖 아들 성장보고서 플러스

유아기는 청소년기와 마찬가지로 남자아이의 심리적 발달에 매우 중요한 시기다. 자신의 사회적 위치가 전환되는 시기이기 때문이다. 아들이 낯선 외부 세계와 자신의 내면 세계 사이에서 균형을 잡고 발달할 수 있도록 신경을 써줘야 한다.

"나는 바보야" 자기 비하에 빠지다

젠 선생님은 나에게 봄방학 이후부터 제이크가 자기는 바보라는 말을 하기 시작했다며 걱정을 털어놓았다. 이에 덧붙여 자신이 목격한 마이크와 제이크의 대화에 대해서도 들려주었다. 마이크가 제이크에게 "너는 바보야."라고 말하니 제이크가 고개를 끄덕이며 "그래, 나도 내가 바보인거 알아."라고 대답했다는 것이다. 제이크는 마이크를 점점 더 어려워하는 것 같았고, 마이크의 기분을 거스를 만한 말이나 행동은 그 어떤 것이라도 피하려는 듯 보였다. 나는 제이크와 롭 그리고 토니와 따로 만났을 때 이 문제에 대해 넌지시 제이크에게 물어보았다.

나: (제이크에게) 내가 지난번에 어떤 이야기를 들었는지 아니? 네가 스스로를 바보라고 했다는 말을 들었어. 왜 그런 말을 한 건지 말해 줄 수 있니?

제이크: (솔직하게) 그거야 내가 그렇게 생각했으니까요.

나: 너는 네가 바보라고 생각하니?

제이크: (솔직하게) 네, 그렇게 생각해요.

나: 왜 그렇게 생각하지?

제이크: (솔직하게) 글쎄, 나도 잘 모르겠어요. 그냥 그렇게 생각했어요.

나: (염려스러운 표정으로) 나는 네가 아주 똑똑하다고 생각하는데?

롭: (나를 안심시키려는 듯) 아니에요. 이건 그냥 제이크가 장난치는 거예요.

나: (제이크에게) 아, 이건 그냥 장난이니?

롭: 마이크하고 제이크가요.

제이크: (장난치듯이) 둘, 넷, 여섯, 여덟, 누가 졌지? 그건 제이크야!

나: 왜지?

제이크: 그야, 졌다는 뜻 모르세요?

나: 음, 그건 뒤로 물러난다는 뜻인가?

제이크: 네.

나: 왜 제이크가 졌다고 말하지? 제이크는 아주 훌륭한 아이인데.

제이크: (솔직하게) 아니에요.

롭은 제이크의 이런 자기 비하를 그냥 장난일 뿐이라며 나를 안심시키려 했지만, 제이크는 장난이 아니라 스스로 정말 그렇게 믿고 있는 것처럼 보였다. 왜 자신을 바보로 생각하느냐는 나의 질문에 제이크는 "그거야, 내가 그렇게 생각했으니까요."라고 대답했기 때문이다. 아니면 다른 누군가 그렇게 생각하는 것을 미리 막기 위해 먼저 스스로를 비하했는지도 모를 일이었다. 하지만 한편으론 누군가 그런 자기를 바로잡아 주기를 바랐던 것이 아닐까. 이유야 어쨌건 나는 제이크의 반응이 평범하지 않음을 눈치 채고 앞으로 그의 변화가 걱정되기 시작했다.

사실 그동안 제이크에 대해서는 별다른 추측이 전혀 필요가 없었다. 왜냐하면 제이크는 보통 자신이 말하는 대로 행동했고 늘 솔직했기 때문이었다. 제이크가 무슨 생각을 하고 있는지, 그리고 어떤 기분인지 아는 건 쉬운 일이었다. 그렇지만 특별히 마이크와의 관계에서 만큼은 제이크의 개방적이고 솔직한 모습이 부정적인 결과를 불러일으킬 수 있다는 사실을 알아차렸다. 그 결과 제이크는 자신의 모습을 감추고 자신의 생각을 드러내는 방식에 주의를 기울이기 시작했다. 또한 다른 사람들이 자신에게 기대하는 바가 있음을 알아차렸고, 그 기대를 예측하여 거기에 맞게 행동하는 법을 알게 되었다. 그 결과 이제는 제이크의 생각과 기분을 알기 어려워졌다.

폭군 친구에 대한 저항에
실패했을 때 아들의 변화

자신을 부정하는 폭군 친구에 대한 저항에 실패할 경우 남자아이는 결국 스스로를 보호하기 위해 상황에 적극적으로 가담한다.

물론 제이크는 여전히 기회가 있을 때마다 자신이 할 수 있는 모든 방법을 총 동원해 자신의 생각을 드러내고자 했으며, 마이크의 위세에 끊임없이 저항하고자 했다.

하루는 마이크와 제이크 그리고 롭과 함께 면담을 하게 되었다. 이때 제이크는 기회가 있을 때마다 마이크의 잘못된 행등에 대해 지적하고 싶어 했다. 먼저 내가 아이들에게 물었다. "누가 싫어하는 행동을 너희들에게 한 적이 있니?" 그러자 제이크는 마이크를 가리키며 무뚝뚝한 말투로 대답했다. "마이크가 나를 주먹으로 때렸어요." 마이크는 제이크의 비난에 대해 부정하며 자신을 변호하려고 했다. "아니에요. 그러지 않았어요. 그건 그냥 실수로……." 그렇게 말하며 결국 자기 자랑으로 이어졌다. "음, 그래요. 나는 가라데를 할 줄 알아요. 그래서……." 제이크는 비록 작은 목소리였지만 마이크의 자랑 섞인 이야기를 중간에 가로막았다. "어쨌든 나를 때렸어요." 결국 서로 가볍게 툭탁거리는가 싶더니 이내 행동이 거칠어지기 시작했다. 마이크가 먼저 자신을 꼬집자 제이크는 마음껏 복수할 기회를 얻었다고 생각한 것 같았다. "이제 나도 너한테 똑같이 할 거야. 왜냐하면 네가 먼저 나를 꼬집었으니까."라고 자신의 대응을 정당화하는 설명까지 덧붙였다.

흥분한 아이들을 진정시키려고 애를 쓰는 한편 나는 또 다른 질문을 던졌다. 그러자 제이크는 다시 마이크의 지난 잘못을 들먹였다.

나: 좋아. 그러면 다른 사람이 싫어하는 걸 해본 적이 있니?

마이크: 음, 글쎄, 한 번이요.

제이크: (고개를 끄덕이며) 아주 많이요. 마이크도 그랬어요.

롭: (고개를 끄덕이며) 네, 맞아요.

나: (제이크와 롭에게) 어떤 일을 했지?

마이크: 사실, 나한테 작은 장난감 총이 하나 있거든요. 그걸로 작은 고무 총알을 쏠 수 있는데요. 손잡이를 뒤로 당기기만 하면 되는데, 어쨌든 작은 총이에요. 나는 엄마 차로 몰래 다가가서 '빵, 빵, 빵!' 이렇게 엄마를 쐈어요.

나: (깜짝 놀란 척하며) 네가 그 총으로 엄마를 쐈다고?

마이크: 아니요, 엄마 차를 쐈다고요. 사실 엄마를 쏘기는 했어요. (손으로 이마를 가리키며) 고무 총알의 끈적이는 부분이 있잖아요. 그걸로 이렇게……. 엄마는 벽에 달라붙어 버렸어요.

(제이크가 웃었다.)

제이크와 롭은 마이크의 많은 잘못들을 지적함으로써, 말하자면 아주 효과적으로 막다른 궁지로 몰아넣을 수 있었을 것이다. 그렇지만 제이크와 롭이 그러기 전에 마이크가 먼저 스스로 이야기를 꺼냄으로써 친구들의 공격을 피할 수 있었다. 또 자신의 모습을 과시하듯 말함으로써 자신의 잘못에 집중된 화제를 전환시키고자 하였다. 이러한 목적을 달성하기 위해 조심스럽게 반응을 살피기도 했다. 그 예로 내가 엄마를 쏘았다는 말에 깜짝 놀란 척을 하자, 마이크는 "아니요, 엄마 차를 쐈다고요."라고 말하면서 이야기를 부드럽게 얼버무렸다. 그리고 이내 엄마가 벽에 달라붙어 버렸다며 더욱 그럴싸하게 이야기를 꾸며 냈다. 거기에 제이크는 웃음을 보였고, 마이크는 화제를 전환시키려는 목적을 달성한 듯 보였다. 그러나 제이크는 계속해서 마이크가 한 나쁜 행동에 대해 책임을 물었다.

나: (아이들에게) 다른 사람의 기분을 상하게 하는 행동은 어떨까? 너희들은 그렇게 한 적이 있니?

제이크: (솔직하게) 음, 네. (마이크를 보고) 너도 그랬잖아.

나: (마이크를 보며 흥미롭다는 듯) 너도 그런 적이 있다고?

마이크: (자신을 보호하듯이) 아니요.

나: (흥미롭다는 듯) 나한테 이야기를 해줄 수 있을까?

마이크: (제이크를 고자질하듯) 너 그런 적이 있다며?

제이크: (전혀 당황하지 않고) 그래. 그렇지만 너도 그랬어. 내 말이 맞지?

제이크와 마이크는 서로 주거니 받거니 공방을 시작했다. 마이크가 "아니!"라며 수비를 하자 제이크가 "맞아!"라고 공격을 펼쳤다. 제이크는 마이크의 잘못을 폭로하는 데 집중하면서도 자신의 잘못 역시 인정하고 있었다. 그렇지만 마이크는 늘 그렇듯 철저히 부정하며 인정하기를 거부했다. 얼마 지나지 않아 제이크와 마이크의 말다툼은 '주먹다짐'으로 발전했다. 내가 대화의 주제를 바꾸고 장난감을 가져다주고 나서야 겨우 다툼을 멈출 수가 있었다.

제이크는 마이크의 권위를 약화시키고 무너트리기 위해 애를 썼지만 그런 노력은 자신의 지위를 유지하려는 마이크의 행동을 더욱 확고하게 만들어 주었을 뿐이었다. 마이크는 대부분 다시 유리한 고지를 차지하는 방법을 찾아내곤 했던 것이다. 따라서 제이크는 아주 쉽게 마이크의 영향을 받는 반면, 마이크는 그렇지 않았고 제이크의 존재 자체에 큰 의미를 두는 것 같지도 않았다.

이와 같은 관계의 불균형에도 불구하고 제이크는 마이크와 친구 관계를 지속했다. 자신을 무시하는 듯한 마이크의 행동에 처음에는 저항도 했지만, 마이크는 이에 전혀 사과할 기미가 보이지 않았다. 결국 제이크는 마이크를 달래고 즐겁게 해주기 위해 자신만의 대인관계 방식을 포기하고 말았다.

다른 날, 마이크와 제이크 그리고 민형이가 각자 조용히 뭔가를 읽고 있을 때였다. 마이크는 블록 장난감 설명서를, 민형이는 만화책을, 제이크는 그림책을 보고 있었다. 그런데 갑자기 마이크가 제이크의 그림책을 움켜쥐며 빼앗으려 했다. 제이크가 "야!" 하고 소리치자 마이크가 "민형이에게 뭘 좀 보여 주려고." 하며 이유를 서둘러 설명했다. 그럼에도 제이크가 책을 손에 쥐고 놓아주지 않자 마이크는 "민형이에게 뭘 좀 보여 주려고 그런다니까!" 하며 아까 한 말을 더 큰 소리로 되풀이했다. 나쁜 의도는 아니었을지 몰라도 마이크의 행동은 분명 옳지 않았다. 다른 친구였다면 자신의 생각을 강력히 피력했을 제이크였지만 마이크에게는 더 이상 아무런 말도 못하고 고개를 숙이고 말았다. 그리고 자신이 잘못했다는 듯 마이크의 기분을 달래 주기 위해 다정하게 말을 걸었다. "이것 좀 봐, 칼 그림이야." 마이크는 무뚝뚝한 목소리로 제이크의 실수를 지적할 뿐이었다. "그냥 칼이 아니라 레이저 칼이야." 제이크는 다시 장난스럽게 말을 이어받았다. "칼하고 호랑이 이빨하고 비슷한가?" 그러자 마이크가 쌀쌀맞게 대꾸했다. "아니." 자신을 무시하는 듯한 마이크의 이런 태도에도 불구하고 제이크는 계속 대화를 이어 나가려고 했다. 이윽고 마이크가 그림책에서 마음에 드는 장면을 가리키며 "이것 봐, 총이야."라고 말하자 제이크는 밝은 목소리로 이렇게 대답했다. "멋지다!" 게다가 토니가 다가와 "나도 좀 보자." 하며 마이크를 밀어내며 끼어들려고 하자 제이크는 마이크의 편을 들기까지 했다. "마이크를 그렇게 떠밀지마."라고 말이다.

제이크는 다른 사람들과의 관계에서는 자신을 무시하는 상대방을 거부했지만 마이크와의 관계에서는 그런 행동을 묵인해 주었을 뿐만 아니라 관계를 지속하며 보호해 주기까지 했다.

제이크는 자신과 마이크가 정상적인 친구 사이인지 의심하는 눈치였지만, 도무지 어떻게 대응해야 할지 알 수가 없었다. 제이크와 둘이서 이야기를 나누게 되었을 때, 제이크는 자신이 마이크와의 사이에서 느끼고 있는 곤란한 점에 대해 털어놓았다.

나: 전에 누가 널 마음 상하게 한 적이 있니?

제이크: (솔직하게) 네, 마이크가 그랬어요.

나: 마이크가? 마이크가 뭘 어떻게 했는데?

제이크: 음, 그러니까 옛날에 나를 막 이렇게 때렸어요. (제이크는 밑에서 주먹을 뻗어 상대방 턱을 올려치는 모습을 재현해 보였다.)

나: 아이고, 이런…….

제이크: 그때 정말 아팠어요. 그래서 다른 친구에게 그걸 말했고요.

나: 그래?

제이크: 그건 잘한 일이에요.

나: 뭘 잘했다는 거지?

제이크: 마이크를 때리는 대신 그냥 다른 친구에게 이야기한 거요.

나: 그러면 너와 제일 친한 친구는 누구야?

제이크: 마이크요.

나: 그래?

제이크: 그렇지만 마이크는 이따금 나를 괴롭혀요. 그게 문제예요.

나: 마이크가 왜 너를 괴롭힐까?

제이크: 글쎄, 화가 나서 그런가 봐요.

나: 너한테 화가 나서?

제이크: 네.

나: (흥미롭다는 듯) 마이크는 왜 너에게 화가 난 걸까?

제이크: (한참 생각하다) 글쎄요, 잘 모르겠어요. 왜 그러는지 정말 모르겠어요. 그렇지만 어쨌든…….

제이크에게 있어 마이크의 분노는 예측 불가능한 것이었고 마이크가 왜 그렇게 자신에게 공격적인지도 불분명했다. 그저 마이크와의 관계에 있어 막다른 골목에 몰린 셈이었다. 그리하여 지금 상황을 바꾸려고 하기보다 순응하는 쪽을 선택한 듯했다.

밝고 따뜻했던 제이크의 180도 달라진 모습

마이크를 대하는 제이크의 저자세는 결국 다른 친구들과의 관계에도 영향을 주기 시작했다. 처음 유아원을 다니기 시작했을 때만 해도 매사에 긍정적이고 유쾌했던 제이크였지만, 점차 시간이 흐를수록 냉소적인 태도를 보인 것이다.

젠 선생님이 아이들을 모두 모아놓고 욕조에서 춤을 추는 사람들의 이야기를 읽어 주고 있을 때였다. 롭이 흥겨운 듯 자리에서 일어나 노래를 흥얼거리며 이야기 속 내용을 흉내 내자 제이크는 마치 조롱이라도 하듯 이렇게 말했다. "야! 롭, 입 다물어." 남에게 상처를 주는 제이크의 이런 말투는 매우 놀랄 만한 것이었다. 게다가 롭이 한 행동은 제이크 자신도 이따금씩 하는 행동이었다. 또 젠 선생님이 아이들에게 달력을 보여 주며 "가브리엘라(같은 반 여자 친구)가 오늘 날짜를 표시해 두었네."라며 칭찬했을 때는 "별것도 아니네 뭐."라고 말하며 무시했다.

아무리 제이크가 자신의 생각을 솔직하게 말했을 뿐이었다고 해도, 이렇게 남의 행동을 단정 짓는 모습은 제이크답지 않았다. 평상시의 제이크는 또래 친구들에게 주체적으로 행동할 자유가 있으며 이에 따른 책임에 대해서도 일깨워 주는 아이였다. (아이가 이렇게 말을 했다는 것이 아니라 제이크의 행동이 아이들에게 전하는 메시지가 그러했다는 뜻이다.) 그렇지만 지금의 제이크는 자신의 행동에 대해 아무런 책임 의식 없이 저지르고 보는 듯한 느낌이었다.

수업 시간이 끝나갈 무렵 젠 선생님이 아이들에게 오늘 하루 동안 잘한 일에 대해 스스로 칭찬해 보는 시간을 가져 보자고 했을 때도 제이크는 "난 그런 거 없어요."라고 대꾸하며 자신에 대해 아무런 칭찬도 하지 않았다.

제이크의 이런 불만스러운 태도는 쉬는 시간 야외 활동 중에도 나타났다. 흙 속에서 화살촉을 찾으며 놀고 있는 마이크와 롭에게 제이크가 다가가자 롭이 신이 나서 말했다. "내가 찾아낸 이 화살촉들을 좀 봐!" 그러자 제이크가 "아니, 그건 그냥 돌이야."라고 무뚝뚝하게 대답하며 재빨리 롭이 찾아낸 것들을 깎아내렸다.

제이크에게서 처음 보는 이런 냉소적인 태도는 나중에 제이크와 롭을 면담했을 때도 분명하게 드러났다. 내가 두 아이에게 남자아이라서 특별히 좋은 점이 있느냐고 물어보자 롭은 아주 열심히 이렇게 대답했다. "엄마가 나한테 장난감을 아주 많이 사줘요." 그러자 제이크는 냉담한 말투로 이렇게 지적했다. "그건 남자아이랑은 상관없는 거잖아."

제이크는 언제나 친구들의 의견에 거리낌 없이 반대 의사를 표현하는 아이였지만 보통은 서로 다른 의견에 대해서도 존중하며 때로는 진지하게 들어 주었다. 물론 지금도 여전히 표현에는 솔직했지만, 무례한 태도와 비꼬는 말투 탓에 열린 마음으로 다른 사람을 대하던 예전의 사랑스러운 모습은 그만 사라져 버리고 말았다.

꼭 단정 지어 말할 수는 없겠지만, 제이크는 이제 더 이상 순진한 열정을 그대로 받아들이지 않았고, 돌을 보고 화살촉이라고 생각하지도 않았으며, 엄마의 다정한 모습을 나만을 위한 특별한 모습이라고 생각하지 않게 되었다. 다섯 살의 제이크는 현실에 대해 좀 더 냉정하게 받아들이기 시작했다. 자신을 풀이 죽게 만들고 불만족스럽게 하는 이성의 목소리에 귀를 기울이게 된 것이다.

강한 아이에게는 약하고 약한 아이에게는 강해지다

마이크의 위압적인 태도에 저항하던 제이크는 어느새 자신보다 서열이 낮은 토니와의 관계에서 그와 유사한 모습을 보이기 시작했다. 심지어 마이크에게는 굴복하고, 자신과 서열이 비슷한 다른 아이들에게는 여전히 배려하고 나누는 모습을 보이면서도 말이다.

예를 들어 이런 식이었다. 아이들이 각각 마음에 드는 장난감을 고르고 있을 때였다. 앞서 왕자를 집어 든 토니가 이번엔 말을 고르려고 하자 "아니! 그건 내 거야! 내가 가질 거야!"라며 제이크가 갑자기 소리를 질렀다. 그러고는 토니가 반박하지 못하도록 "토니, 내가 이 말을 가질 거야. 왕자는 말을 안 타. 마차를 타지." 하고 말했다. 제이크의 말에 토니는 마차를 찾아보았지만 보이지 않자 대신 수레를 집어 들었다. 그 모습을 본 제이크는 토니가 자기에게 수레를 준다고 생각

4~6세 아들 성장보고서

한 모양이었다. 토니가 말을 포기하지 않을 거라고 확신한 제이크는 위협하듯 자기주장을 밀어붙였다.

제이크: (딱딱한 목소리로) 왕자는 사실 말을 타지 않고 수레를 타. (단
호하게) 좋아! 그러면 다음에는 나는 그냥 가버릴 거야. 다음
에 이 장난감들을 가지고 놀게 되면 너 없이 그냥 나 혼자
장난감들을 가지고 가버릴 거라고.
토니: (애원하듯) 그래. 그러니까 네가 말을 가지라고.

토니가 분명하게 문제의 장난감 말을 포기하겠다는 의사를 전했지만 제이크는 이 상황을 제대로 파악하지 못한 채 계속해서 위협을 가했다.

제이크: 너, 넌 앞으로 우리 집에 놀러 오지 말든가 아니면 말을 내
놓든가 해. 나한테 말을 주면, 그러면 나는…….

그 순간 토니는 재빨리 말을 제이크에게 내밀었고 제이크는 당연하다는 듯 그 말을 받았다.

제이크: (오만한 태도로) 음…… 음, 고마워.
토니: (이제 안심이라는 듯) 그러면 나 너희 집에 놀러 가도 돼?

제이크: (의기양양하게) 그럼!

토니: (왕자를 집어 들고) 그럼 왕자님은 걸어서 간다.

제이크: 그래.

토니: (왕자님 같은 목소리로) 나는 걸어서 간다. 내 칼은 어디 있느냐.

　

토니가 문제의 장난감 말을 포기함으로써 제이크는 자신이 원하는 것을 손에 넣을 수 있었다. 나는 제이크의 태도가 좀 더 친근해질 것이라고 기대했다. 그러나 여기서 그치지 않고 제이크는 계속해서 자신의 우월한 위치를 내세우며, 놀이를 하는 내내 토니가 자신의 왕자에게 어울리는 장난감을 고르려 할 때마다 괴롭혔다.

　

제이크: 나를 봐! 나는 도끼랑 칼이 있어. 넌 칼 하나밖에 없지!

토니: (순한 말투로) 그래. 그렇지만 여기 다른 도끼를 쓰면 되지.

제이크: 사실, 음, 거기는 긴 도끼밖에 없잖아. 왕자는 보통 긴 도끼는 안 써.

토니: 그렇지만 칼은 있는데.

제이크 : (음흉한 목소리로) 그러니까 넌 나쁜 놈들이나 쓰는 도끼를 쓰라고. (얄밉게 웃는다) 헤헤헤.

토니: (주저하며) 그러면 나 그 도끼 가져도 돼? 우리, 그러니까 같은 편이지?

제이크: (다시 평상시 목소리로) 그래, 우리 같은 편이야.

그제서야 비로소 제이크는 자신의 위압적이었던 태도를 버리고 원래의 친절한 태도로 되돌아갔다.

자신의 생각과 감정에 솔직하며 배려심 많았던 제이크는 강한 남성성을 띤 마이크와 관계를 맺으면서 이처럼 조금씩 자신의 본모습을 숨기고 꾸며 나갔다. 처음에는 이에 거부감을 느끼고 강하게 저항했지만, 자기 자신을 위해 그리고 스스로를 보호하기 위해 사회적 관계 안에서 전략적인 대인관계 방식을 취하게 된 것이다.

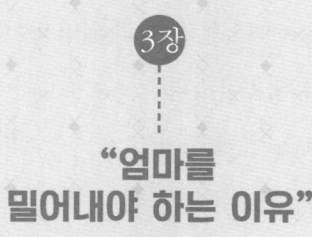

3장

**"엄마를
밀어내야 하는 이유"**

아들은
남자가 되어야 한다

아들은 자신을 증명해야만 한다

남자아이는 사회에 첫발을 내딛는 순간, 스스로 남자임을 증명해야 하는 상황에 처한다. 그리고 이를 위한 방법으로써 총싸움과 같은 남자아이들만의 놀이나 활동에 집중하는 모습을 보인다.

성별에 따른 사회화 과정은 종종 가정에서 먼저 시작되지만, 남성성에 대한 문화적 메시지나 사회적 압박은 유아기 동안 더 강화된다. 유아기는 대부분의 아이들이 태어나서 처음으로 사회적 기관, 그러니까 유아원이나 학교와 같은 교육 현장에 첫발을 내딛는 시기다. 그 안에서 또래 친구들이나 어른들과 함께하면서 남자아이는 자신에게 어울리는 적절한 행동이 무엇인지 깨달아 간다. 또한 이러한 기준에 얼마나 잘 부응하느냐가 자신의 사회적 위치(친구들 사이의 서열)와 관계에 어떤 영향을 미치는지도 알게 된다.

게다가 성별에 따른 사회화 과정을 경험하며 남자아이들은 '진짜 남자아이'가 되는 것이 단지 내가 누구냐는 문제뿐만 아니라 어떻게 행동하느냐의 문제와도 연관된다는 사실을 이해하게 된다. 다시 말해 남자아이들은 스스로 남성성을 증명해야만 한다는 사실을 배우는 것이다. 이 시기 아이들이 자신의 남성성을 증명할 수 있는 한 가지 방법은 이상적인 남성의 모습을 따르는 것이다. 즉 다른 남자아이들에게서 자신의 남성성을 강조하고 행동을 과시하는 법을 배우고, 자신이 같은 일원임을 증명하는 방법을 터득하게 된다.

그중 가장 일반적인 방법은 '남자아이들의 장난감과 활동'에 관심을 표현하는 것이다. 내가 연구한 남자아이들은 총이나 총싸움 놀이에 집중했다. 물론 부모와 교사들은 총을 좋아하는 것이 혹시라도 공격성이나 폭력성으로 이어지지 않을까 염려해 그러한 놀이를 못하게 했다.

내가 처음 아이들을 찾아갔을 때 마이크와 민형이는 블록 장난감을 가지고 놀고 있었다. 마이크는 민형이가 만든 것을 보고 신이 나서 이렇게 말했다. "이야, 진짜 긴 총이네!" 민형이가 뭐라고 대답을 하기도 전에 마침 작별 인사를 하려던 민형이 엄마가 부드러운 태도로 말을 가로막았다. "그건 총이 아니란다." 마이크와 민형이는 둘 다 민형이의 엄마가 교실을 나갈 때까지 입을 다물고 있었다. 그리고 엄마의 모습이 사라지자 민형이는 마이크에게 이건 진짜 총이라고 넌지시 알려 주었다.

어른들의 염려에도 불구하고 아이들은 쉬는 시간만 되면 블록 장난감으로 총을 만들며 놀았다. 결국 교실 안에서 총을 가지고 노는 것

자체가 금지되었고 블록마저 치워졌다. 그러나 아이들은 손으로 총 모양을 만들거나 심지어 점심으로 나온 과일 조각처럼 손에 넣을 수 있는 모든 재료를 활용해 총을 만들며 놀았다. 들키면 혼난다는 사실을 알기에 어른들이 주변에 있을 때는 그것을 감추거나 아닌 척하기도 했다. 누가 봐도 총처럼 보이는데도 선생님이 무엇을 만들고 있느냐고 물어보면 공룡이나 우주선, 망원경 혹은 사진기라고 대답했다. 그리고 선생님이 사라지면 다시 본색을 드러내고 신나게 총싸움 놀이를 즐겼다. 결국 남자아이들의 총놀이는 공식적으로 금지된 이후에 더 짜릿한 즐거움이 되었고, 심지어 금지된 일을 공유한다는 생각은 남자아이들 사이의 유대 관계를 깊어지게 했다.

사실 어른들이 걱정하는 총과 관련된 폭력, 상해, 죽음 등의 개념은 아이들에게는 전혀 형성되어 있지 않았다. 아이들은 그저 서로 다 함께 모여 재미있게 노는 일에만 관심이 있을 뿐이었다. 이 나이 또래의 남자아이들이 유아원이나 학교라는 배경 안에서 총을 가지고 노는 것은 친구들과 어울리는 한 가지 방식에 불과했다.

물론 총놀이를 권장해야 한다는 의미는 아니다. 단지 그 놀이를 즐기는 남자아이들의 심리를 이해해야 한다는 것이다. 아이들은 총에 대해 관심이 있기 때문에 그 놀이를 즐기는 것이 아니다. 혼자 있을 때면 남자아이들은 총이 아닌 다른 장난감이나 놀이를 선택했다. 남자아이들이 총에 관심을 보일 때는 주로 여러 남자 친구들과 함께 어울려 놀 때다. 가장 빠르고 확실하게 자신의 남성성을 드러내는 수단이기 때문이다.

다양한 색상의 나무 블록이 흩어져 있는 탁자 옆에 서 있던 마이크가 롭에게 알파벳 'L'자 모양의 블록을 보고 "와, 멋있다!"라고 외쳤다. 마이크가 무엇을 보고 그랬는지 금방 알아챈 롭은 그 말을 확인하듯 "총이다!"라고 소리쳤다. 이와 같은 총에 대한 관심은 남자아이들끼리 서로 유대감을 쌓는 수단인 동시에 자신이 남자아이임을 규정하는 방법이다. 남자아이들에게 총이란 여자아이들은 싫어하는 '남자아이만의 장난감'인 것이다.

물론 굳이 총이 아니라, 다른 활동을 통해서도 서로 관계를 맺고 하나가 될 수 있다. 아이들은 함께 그림도 그리고, 달리기도 하며, 책도 읽었다. 상상 속의 놀이를 즐기기도 했다. 그렇지만 총싸움 놀이와 비교했을 때 이러한 놀이는 남자아이들끼리의 집단적 정체성과 동지의식을 심어 주지는 못하는 것 같았다. 어쩌면 이러한 활동들은 남자아이들만이 할 수 있는 특별한 놀이가 아니라고 생각하는 듯했다.

물론 총에 대한 관심이 영원히 이어지는 것은 아니다. 시간이 지남에 따라 남자아이들을 강력하게 모아 주는 새로운 놀이들이 계속해서 생겨났다. 얼마 지나지 않아 우리 반 남자아이들은 총을 던져 버리고 플레이모빌 놀이와 만화 주인공이 그려진 카드를 모으는 놀이에 몰두했다. 그리고 유아원 시절을 보내는 동안 남자아이들의 관심은 또다시 바뀌어, 축구와 농구 같은 운동 경기에도 열광했다.

"뽀뽀하지 마세요"에 담긴 의미

남자아이는 여자아이와 자신을 구분 지음으로써 자신의 성정체성을 강화할 수 있음을 깨닫는다. 이때부터 남자아이는 여자아이와 편 가르기를 시작한다. 이는 시간이 지날수록 점점 더 심해져 사랑 이야기나 스킨십처럼 여성성과 관련된 모든 행동을 기피하는 모습으로 이어진다.

자신의 남성성을 과시하는 남자아이들의 행동은 '남자아이 대 여자아이'라는 대결 구도를 통해 더욱 강화된다. 남자아이들은 여자와 관련된 모든 것들과 거리를 둠으로써 자신들이 여자가 아닌 진짜 남자임을 증명해 간다.

처음 학기가 시작되었을 때만 해도, 아이들은 여자, 남자 할 것 없이 서로 사이좋게 어울렸다. 그러나 시간이 지날수록 조금씩 동성끼리 무리를 짓기 시작하더니, 이내 어느 순간 동성 친구들하고만 어울려 노는 모습을 보였다. 남자와 여자는 서로 친구가 될 수 없다고 생각이라도 한 듯 남자아이들과 여자아이들 사이의 편 가르기는 점점 더 심해졌고, 어느새 서로 대립하는 존재가 되었다.

예컨대 쉬는 시간이면 서로 편을 갈라 공격 계획을 세우며 동지애를 쌓아 갔다. 주로 남자아이들이 그런 분위기를 이끌었지만, 여자아이들 역시 이를 거들었다. 하루는 쉬는 시간에 여자아이들이 소리를 지르며 마치 누가 쫓아오기라도 하듯이 뛰어다니는 것이었다. 그러자 그 의도를 알아차린 남자아이들이 실제로 여자아이들을 뒤쫓기 시작했다. (물론 그렇다고 남자아이들은 언제나 공격자 역할만, 여자아이들은 희생자 역할만 하는 것은 아니었다.)

이렇듯 여자아이들과 자신을 구분 지음으로써 남자아이들은 자기들만의 유대 관계를 강화시키는 한편, 자신의 남성성을 드러내는 기회를 가진다. 이와 동시에 이러한 편 가르기는 남자아이와 여자아이는 서로 반대되는 존재라는 인식을 심어 준다. 즉 남자아이들은 자신이 여자가 아니라는 사실을 보여 줌으로써 자신이 남자라는 사실을 증명할 수 있는 것이다.

제이크는 이렇게 말했다.

제이크: 음, 그러니까요, 남자아이들은 정말로 총 같은 걸 좋아하거든요. 그리고 여자아이들은 인형 같은 걸 좋아하고요.

나: 아, 정말로? 총 같은 걸 좋아하는 여자아이들도 있지 않니?

제이크: (딱 잘라서) 아니요.

나: 남자아이들은 어떨까? 남자아이들이 인형 가지고 노는 일은 없어?

제이크: (마치 꾸며서 대답하듯, 말꼬리를 흐리며) 없…… 없어요.

남자아이들은 자신의 남성성을 드러냄으로써 스스로를 여자아이와 구분 지었는데, 그 방법에는 남자아이들의 장난감에 관심을 갖는 것뿐만 아니라, 인형 놀이를 거부하는 것도 포함된다. 제이크의 설명에 따르면 인형은 여자아이들이나 가지고 노는 장난감이니까 말이다. 아이들은 성별에 따라 적합한 장난감이 있음을 배우는 듯했다.

웩! 여자라니!

이와 동시에 남자아이들은 여자와 관련된 모든 것을 무시하고 피함으로써 스스로를 여자아이들과 구분 지었다. 예를 들어 아이들을 찾아갔을 때 민형이와 마이크 그리고 제이크가 함께 만화책을 보고 있었다. 만화책을 이리저리 넘겨보던 아이들은 자신들이 좋아하는 장면에 대해 서로 이야기를 나누었다. 외계인이 나오거나 총싸움이 벌어지는 장면들이 대부분이었다. 또한 아이들은 자기들이 싫어하는 장면에 대해서도 이야기를 나누었는데, 민형이가 여자아이가 나오는 장면을 펼치며 아주 강한 말투로 "웩! 여자라니!" 하고 외쳤다. 이때 제이크의 엄마가 아들에게 작별 인사로 뽀뽀를 하려 했다. 민형이는 또 "웩! 뽀뽀! 나는 뽀뽀가 싫어! 제이크가 엄마랑 뽀뽀를 해!"라고 소리쳤다. 제이크의 엄마가 웃으며 "너는 엄마가 ㄴ'한테 뽀뽀해 주는 게 싫으니?"라고 묻자 민형이는 퉁명스러운 말투로 "난 그런 거 정말 싫어해요."라고 대답했다. 총싸움처럼 남성성을 상징하는 물건이나 활동에 대해 관심을 가지는 것과 마찬가지로 남자아이들이 공유하는 여성성에 대한 반감은 아이들이 자신의 남성성을 확인하고 관계를 이어 가는 또 하나의 방법이었다.

내가 토니와 제이크 그리고 롭과 면담을 하고 있을 때 토니가 이런 말을 했다. "〈포카혼타스〉라는 만화 영화를 봤어요." 그러자 제이크가 무심한 듯 이렇게 대꾸했다. "나도 그거 봤어." 그렇지만 롭이 "웩, 그거 여자가 주인공이네, 웩."이라고 말하면서 여자 주인공에 대한 부정적인 태도를 내비치자 제이크가 즉시 "나도 알아!" 하며 거기에 동조했다. 또 며칠 후에는 마이크와 민형이가 서로 여자아이들에 대해 험담을 나누며 맞장구를 치고 있었다. "여자아이들은 생각만 해도 구역질이 나." 하며 민형이가 말하자 "나도 그래!"라며 마이크도 열심히 고개를 끄덕였다.

남자아이들은 이런 식의 대화를 통해 여자아이들과 자신들의 차이점을 극대화하는 한편 자신들이 같은 편이라는 사실을 서로 확인해 나갔다.

남자아이들은 사랑 이야기처럼 여성성을 상징하는 것들에 대해서조차도 기피하는 모습을 보였다. 심지어 다정한 행동즈차도 피하고자 했다. 최소한 사람들이 보고 있는 앞에서는 말이다.

등원 시간, 마이크의 아빠가 교실 입구에서 마이크와 헤어지며 뽀뽀해 달라고 말하자 마이크는 천천히, 그리고 남의 이목을 의식하듯 걸어와 아빠를 마주 보며 어색한 자세로 섰다. 그리고 아빠가 자기를 끌어안도록 가만히 있었다. 아빠의 품에 안긴 마이크의 표정은 조금 화가 난 것 같기도 했고 불편한 것 같기도 했다. 마이크는 마치 인형이라도 된 듯 온몸에서 힘을 뺀 채 팔다리를 늘어트리고 있었다. 그렇지만 그렇게 하기 전 아주 짧은 순간 동안 분명히, 마이크는 아빠를 꼭 끌어안으며 살짝 미소를 머금었다. 물론 그것도 잠시 마이크는 이런 일에는 아무런 관심도 없다는 듯한 표정을 지어 보였지만 말이다. 포옹을 마친 뒤 마이크의 아빠가 아들의 뺨에 뽀뽀를 해주자 마이크는 입술 자국이라도 지우듯 슬며시 뺨을 문질렀다. 이런 아들의 모습을 본 마이크의 아빠가 장난치듯 물었다. "너 지금 뭐하니?" 마이크는 들켰다는 듯 웃음을 지어 보였고, 그렇게 두 사람은 다정한 모습으로 헤어졌다.

비록 잠시지만 아빠와 작별 인사를 나눌 때 마이크가 보여 준 다정함은 마이크가 사실은 이러한 다정한 행동이나 관계를 싫어하지 않는다는 걸 보여 준다. 단지 누군가의 시선을 의식해 짐짓 그런 모습을 가장하는 것이었다. 친구들에게 거칠고 남성적인 모습을 보여 주는 데 공은 들인 마이크였던 만큼 집에서처럼 자유롭게 자신의 애정을 표현할 수 없었다. 아니, 그렇게 할 수 없다고 느꼈던 건지도 모른다. 남자아이들 사이에서의 자신의 위치와 평판을 망치면서까지 그렇게

4~6세 아들 성장보고서

할 수는 없었던 것이다.

　다른 날 마이크는 포옹과 뽀뽀를 요구하는 아빠에게 "뽀뽀는 싫어요."라고 단호하게 말했다. 다른 친구들이 보고 있음을 눈치 챈 마이크는 아빠가 자신을 껴안아 줄 때 눈을 이리저리 굴리며 짐짓 화난 듯한 표정을 지어 보이는 등 이런 일을 싫어하는 것처럼 보이기 위해 애를 썼다. 그럼에도 불구하고 아빠가 뽀뽀까지 하자 마이크는 마치 그게 정말 싫다는 듯 눈을 흘기기도 했다. 얼굴 가득 재미있다는 표정을 지으며 아빠가 부드럽게 아들의 머리를 토닥일 때도 마이크는 반항적인 태도로 "머리 헝클어트리지 마세요."라고 외쳤다.

　이 무렵 남자아이들은 모두 마이크처럼 행동했는데, 특히 또래 친구들 앞에서 두드러졌다. 이는 남자아이들 사이에서 분명한 인상을 남기는 듯했고, 행동에도 많은 영향을 주었다.

　민형이가 엄마와 작별 인사를 할 때였다. 민형이는 마이크와 제이크 그리고 토니와 놀고 있었는데, 방금 전 마이크가 자신의 아빠에게 그랬던 것처럼 민형이 역시 엄마의 애정 표현을 거부했다. 엄마가 자세를 낮추고 자기 쪽으로 몸을 숙이자 "싫어요! 싫어요! 제발 뽀뽀하지 마세요!"라고 외친 것이었다. 민형이의 이런 과한 반응이 재미있다는 듯 민형이의 엄마는 웃음을 터트렸고 알겠다는 듯 뽀뽀 대신 아들의 머리를 어루만졌다. 그러자 민형이는 엄마에게 이렇게 말했다. "이제는 내 머리를 망치잖아요."

　남자아이들은 여성성이 자신의 남성성을 약화시킨다는 사실을 깨닫기 시작하면서 여성스러운 성격이나 행동을 드러내지 않게 된다. 만약 어쩔 수 없이 그런 상황에 놓이게 될 경우에는 사례에서처럼 그러한 이미지를 재빨리 벗어 버리고자 노력했다.

엄마와의
거리 두기

이 시기 남자아이들은 독립성을 드러내며 자신감을 키워 나간다. 이때 엄마 품에서 벗어나지 못하는 아이, 엄마에게 의지하는 아이는 도래 친구들과 멀어 질 수밖에 없었다.

　남자아이들은 '여성스럽고 다정한 행동'을 피하기 위해 일부러 그 러한 행동을 하기도 했다. 예를 들어 토니가 의도하지 않게 마이크 를 화나게 만든 일이 있었다. 토니가 장난삼아 마이크의 뺨에 뽀뽀를 한 것인데, 예상치 못한 일을 당한 마이크는 매우 화가 나서 "그러지 마!"라며 단호하게 소리쳤다. 그러고는 보복할 심산으로 토니의 얼굴 에 몇 번이나 뽀뽀를 퍼부었다. 물론 마이크의 의도는 적대적이었지 만, 불행하게도 이를 눈치 채지 못한 토니는 마이크의 뺨에 다정한 우 정의 뽀뽀를 돌려주는 것으로 화답했다. 이번에야말로 정말 화가 난 마이크는 토니를 밀쳐 버렸다. 토니는 무슨 상황인지 이해할 수 없다 는 표정으로 멍하니 마이크를 바라보았다. 이때 루시아 선생님이 아이들을 불러 모았고 그렇게 이 사건은 끝이 났다.

사실 남자아이들이 여자의 영역으로 규정한 행동들은 주로 다른 사람과 친밀한 관계를 맺을 때 나오는 행동들이다. 이는 남자아이들에게 종종 혼란스러움을 안겨 주기도 했다. 내가 교실 바닥에 앉아 있을 때 민형이가 다가와 내 무릎 위에 앉았다. 마음을 가라앉히고 편히 휴식을 취하고 싶어 하는 눈치였다. 그러나 민형이는 편안하고 따뜻한 시간을 갖고 싶은 마음과 그 자리에서 일어나야 한다는 마음 사이에서 갈피를 잡지 못하는 듯했다.

엄마를 밀어내다

이 시기의 남자아이들은 엄마와 신체적·정신적으로 거리를 두는 것 역시 중요하게 생각하기 시작한다. 그래서 최소한 유아원이나 학교처럼 사람들이 많이 있는 장소에서는 엄마로부터 등을 돌리거나 엄마의 의도와 반대로 행동하려고 한다.

이렇게 남자아이들이 엄마와 거리를 두려고 하는 모습은 유아원(학교) 등원 시 엄마와의 분리를 잘 이겨 내는 것과는 별개의 문제다. 물론 분리를 안정적으로 받아들이는 것은 아이의 독립성을 뜻하며 그만큼 신체적·정신적으로 성장했다는 것을 의미한다. 그래서 아이들 역시 부모와의 분리를 무리 없이 받아들이는 자신의 모습을 자랑스럽게 생각한다. 언젠가 "아빠가 가는 걸 봤어요. 그래도 난 하나도 안 슬퍼요."라고 말한 제이크의 말은 나를 놀라게 했다. 왜냐하면 나는 엄마나 아빠가 유아원을 떠날 때 한 번도 제이크가 떼를 쓰는 걸 본 적이 없었기 때문이다. 부모님과 헤어지는 일이 제이크에게는 슬픈 일이었지만, 이를 잘 극복해 낸 자신이 자랑스러운 듯 보였다.

엄마와의 거리 두기는 이런 분리와는 다르다. 자신의 어른스러움을 과시하는 정도를 넘어 엄마의 보호와 양육을 거절하는 것을 의미하기 때문이다. 정신분석학 이론에서는 유아기를 남자아이들의 정체성이 확립되는 중요한 시기로 강조하고 있다. 이 시기의 남자아이들은 자신의 엄마(엄마가 가진 여성성의 영향)로부터 멀어지는 법을 반드시 배우는 한편 남성적 성품을 키우기 위해 아빠와 깊은 관계를 가져야 한다는 것이다.

나와 함께한 이 남자아이들이 '마마보이'라는 말의 뜻과 이에 담긴 부정적인 의미를 알고 있는지는 모르겠다. 하지만 아이들은 자연

📖 아들 성장보고서 플러스

엄마들은 지나친 사랑을 쏟으면, 아들이 '여자 같은 아들'이나 마마보이로 성장한다고 생각한다. 그러나 이는 오히려 더욱 남성다운 자질을 갖출 수 있게 도와주는 결정적인 역할을 한다. 여자와 대조되는 남자로서의 존재를 느끼게 함으로써, 엄마는 아들에게 육체적인 힘의 효과와 동시에 부드러움이 지닌 힘에 대해 가르쳐 줄 수 있다.

스럽게 자신의 엄마와 거리를 두는 법을 배워 나갔다. 마치 여자아이들과 거리를 두려고 노력하는 것처럼 말이다.

그 예로 엄마와 함께 유아원에 온 제이크는 탁자에 앉아 그림을 그리기 시작했다. 엄마가 뒤에서 지켜보고 있었지만 제이크는 엄마에게 별반 관심을 주지 않고 그림 그리는 일에만 집중했다. 엄마가 잠시 자리를 비웠을 때에도 제이크는 그 사실을 모르는 것 같았다. 그리고 엄마가 떠날 시간이 되었을 때조차 제이크는 평소 아빠에게 그랬던 것처럼 엄마를 배웅하지 않았다. 제이크는 물론 엄마와 매우 사이가 좋았고 만약 엄마가 꼭 끌어안고 뽀뽀를 해달라고 했다면 기꺼이 그 말에 따를 아이였지만, 스스로 적극적으로 나서 애정 표현을 하지는 않았다. 그렇지만 제이크의 집을 방문했을 때의 모습은 유아원에서의 경직된 모습과는 사뭇 달랐다. 집이라는 개인적 공간에서의 제이크는 아주 사랑스러운 아이의 모습으로 애정 표현도 적극적이었다.

이처럼 문화적 기준과 사회적 기대는 남자아이와 엄마 사이의 공개적인 애정 표현을 어렵게 만들지만 아들과 엄마가 공유하는 친밀감마저 사라지게 하는 것은 아니다. 다만 좀 더 개인적인 시간과 장소가 필요할 뿐이다.

엄마와 냉정하게 거리를 둘 수 있는 능력

　성별에 따른 적절한 품성과 행동, 즉 여성성을 거부하고 엄마와 냉정하게 거리를 둘 수 있는 능력은 남자아이들의 계급 구조에서 서열로 이어졌다. 예를 들어 남자아이들 사이에서 가장 높은 서열을 차지하고 있는 마이크와 민형이는 자신들이 여자가 아닌 남자아이라는 점을 가장 분명하고 단호하게 과시하는 아이들이었다. 이 두 아이들은 아침에 유아원에 도착하면 가장 빨리 엄마 품을 벗어났고, 유아원에서 지내는 동안에도 엄마를 보고 싶어 하거나 찾는 모습을 거의 보이지 않았다. 엄마뿐만이 아니라 아빠에게조차 다정한 행동과 같은 '여성적인 것'을 극단적으로 피하고자 했다. 앞에서 아빠가 뺨에 뽀뽀를 하자 마이크가 그 자리를 손으로 문질렀던 모습을 기억하고 있을 것이다.

　자신들의 남성성과 어른스러움을 증명하는 데 별로 신경 쓰지 않는 것처럼 보이는 제이크와 롭은 서열의 중간을 차지하고 있었다. 두 아이는 아빠와 비하면 엄마와는 비교적 덜 친밀해 보였지만, 유아원에 도착한 후에도 엄마 품을 떠나지 않는 경우가 많았다. 그리고 특별히 여성성을 상징하는 물건이나 행동에 대해 대놓고 거부하지 않았다. 물론 이를 여자아이들의 영역으로 구분 짓고 그런 여자아이들과 거리를 둠으로써 자신과 선을 긋는 것을 중요하게 생각했지만 말이다.

엄마와 떨어지기 싫어하고 여자아이들과 '여자아이들의 장난감'을 가지고 노는 댄과 토니는 남자아이들 사이에서 가장 서열이 낮았다. 이 때문인지는 정확히 알 수 없으나, 다만 또래 친구들에게 이런 모습들이 아직 아기티를 벗어나지 못했으며 친구로서 적합해 보이지 않게 만들었는지도 모르겠다. 만약 이런 현실로 인해 엄마와 더 붙어 있고자 한 것이었다면 그런 모습들이 오히려 또래 친구들과의 관계를 방해했을 가능성도 있었다. 그들이 여전히 엄마의 품에서 벗어날 생각이 없다는 것, 또 거기에 의지하는 것을 부끄러워하지 않는다는 것, 마지막으로 이런 사실을 감추지 않고 남들에게 솔직하게 표현한다는 것, 그 이유가 이 중 무엇이든지 간에 친구들과 멀어지게 만들었다. 다른 친구들은 이미 독립성을 드러내며 자신감을 키워 나가고 있었던 것이다.

토니 이야기 :
엄마와의 거리 두기 실패가 초래한 결과
_엄마 없으면 아무것도 못하는 아이

엄마껌딱지인 토니는 매사에 엄마에게 의지하였고, 이로 인해 친구 관계마저 원만하지 못했다. 토니의 이야기는 부모가 무엇에 신경을 써줘야 하는지 생각해 보게 한다.

엄마의 사랑이 늘 부족한 아이

토니는 남자아이들 중에서 엄마와 헤어지는 것을 유독 힘들어했다. 어떻게 해서든 조금이라도 더 같이 있으려고 늘 애를 쓰곤 했다. 아침마다 두 팔로 엄마의 다리를 감싸 안고 놓아주지 않았으며, 돌아서는 엄마를 향해 "엄마! 이리 와!" 하며 애처롭게 흐느꼈다. 그러면 토니의 엄마는 다시 돌아와 뽀뽀를 해주고 안아 주었다. 때로는 토니의 엄마도 지치는 듯 보였지만, 보통은 따뜻하고 다정하게 아들의 부탁을 들어주곤 했다.

사실 토니는 엄마의 재혼으로 새아빠와 새로 생긴 세 명의 형제, 그리고 갓 태어난 동생과도 엄마를 공유해야 했다. 또 앞서 밝혔듯 토니의 엄마는 같은 학교에서 교사로 일하고 있었기 때문에 학생들과도 엄마를 공유해야 했다. 토니의 엄마는 아들에게 자신이 언제나 곁에 있다는 사실을 인식시켜 주려고 했지만, 토니는 늘 불안해 보였고 항상 엄마 곁에만 있으려고 했다. 그도 그럴 것이 토니는 자신이 만족할 만큼 엄마와 함께 있을 수 없었던 것이다. 언제든지 엄마를 만나러 갈 수 있는 상황도 그리 도움이 되지 못하는 것 같았다. 아무도 토니를 제지하지 않았기 때문에 토니는 쉬는 시간뿐만 아니라 수업 중에도 교실을 떠나 엄마를 찾아가곤 했다. 물론 토니의 엄마는 수업을 해야 했기 때문에 아들이 찾아올 때마다 관심을 줄 수가 없었다. 토니는 이에 항상 실망하고 좌절하였고, 그럴수록 점점 더 집요하게 엄마를 독차지하려고 했다.

얼핏 생각해 보면 엄마에게 여유가 있을 때 찾아가면 간단히 해결될 문제 같지만, 토니는 언제 엄마가 자신에게 관심을 쏟을 수 있는지 알 수가 없었다. 그러니 이렇게 기회가 있을 때마다 찾아가 자신이 원하는 바를 얻고자 했다.

토니의 딜레마

토니는 정말 무슨 일이 생겼을 때뿐 아니라 사소한 일에도 엄마를 찾아갔다. 예를 들어 친구와 하나의 장난감을 놓고 다툴 때도 엄마를 찾았다. 엄마가 이 문제를 공평하게 처리해 줄 것이라고 기대하며 말이다. 또 친구가 자기에게 물을 쏟자 이를 고자질하기 위해 엄마를 찾았다. 심지어 자신의 실수로 마이크의 무릎을 다치게 하여 피가 났을 때조차 토니는 엄마를 찾아 달려갔다. 우는 마이크를 뒤로 한 채, 마이크를 위해서가 아니라 바로 자신을 위해서 말이다. 마이크가 양호실에서 치료를 받은 뒤 조금 시간이 흘러 토니가 엄마와 함께 양호실로 찾아왔다. 토니의 엄마는 마이크에게 아들이 사과를 하고 싶어 한다고 설명했다. 토니는 엄마의 격려를 받으며 간신히 사과를 시도했지만 이마저 뜻대로 되지 않자 한바탕 울음 소동이 일어났다. 마침내 무사히 사과를 전한 뒤 엄마가 돌아가자 토니는 마이크와 화해를 하려는 듯 구슬 놀이를 시도했지만 구슬이 중간에 멈추는 바람에 또다시 풀이 죽고 말았다. 토니는 엄마가 옆에 없으면 뭐든 제대로 할 수 없는 듯 보였다.

토니의 나이를 생각하면 이렇게 엄마와 떨어지려 하지 않는 것이 전혀 이상한 일은 아니다. 하지만 자신의 감정 표현이나 친구 관계마저 엄마에게 기대는 행동은 대인관계 능력을 쌓아가는 데 방해가 될 뿐이었다.

특히 문제가 생길 때마다 자신은 한발 물러선 채 엄마의 도움을 요청한 탓에 사람들과 효과적으로 문제를 해결해 나가는 법을 배울 기회가 적어질 수밖에 없었다.

엄마의 도움에 의존할수록 친구들과 어울리기 힘들어지는 것을 토니 자신도 느끼고 있었다.

왜 아들은 느닷없이
과격한 행동을 하는 걸까?

남자아이들은 얌전히 잘 있다가도 갑자기 소리를 지르거나 엉뚱한 행동을 하곤 한다. 이는 관심을 끌고 싶다는, 관계를 맺고 싶다는 신호다. 이러한 행동을 빈번히 한다고 하여 아이의 대인관계 능력에 문제가 있다는 의미는 아니다. 다만 관계에서 만족감을 느끼고 있지 못할 가능성이 크다.

끊임없이 엄마를 찾는 토니의 행동은 또래 친구들과의 관계를 악화시켰다. 남자아이들끼리 무리를 짓고 놀 때마다 토니는 항상 함께하지 못했다. 관계를 지속하기 위해서는 아이들과 계속 함께 있어야 하는데 그 점에 있어서도 신뢰를 주지 못했기 때문이었다. 이로 인해 아이들은 토니의 존재를 거의 신경 쓰지 않았고, 때때로 놀이에 끼워주고 싶어 하지 않았다.

그러자 토니는 남자아이들을 졸졸 따라다니며 틈을 노리기 시작했다. "나도 같이 놀아도 돼? 내가 이거 할까?" 하며 친구들이 자리를 내줄 때까지 애써 밝은 목소리로 말을 걸었다. 그러면 결국 놀이에 낄 수는 있었지만, 아이들이 하기 싫어하는 역할을 맡을 때가 대부분이었다.

토니는 친구들과 잘 지내고 싶었으나 어떻게 해야 할지 방법을 전혀 모르는 듯했다. 그래서인지 그저 같이 놀아 줄 친구를 찾아 여기저기 헤매고 다닐 때가 많았다. 그러다 보니 이미 놀고 있는 아이들 사이에 끼어들기 위해 애를 썼다. 아이들의 놀이는 시작과 끝이 정확히 있는 것이 아니다. 계속 함께 시간을 보내며 관계를 쌓아가는 선상에서 놀이의 형태만 바뀌게 되는데, 토니는 그사이 아무런 교류도 없이 불쑥불쑥 들이미는 형국이었다. 그러나 그런 관심마저도 오래 가지 않았고 관계를 맺지도 않았다.

예를 들어 하루는 아이들이 그림을 그리며 놀고 있었다. 그러자 토니 역시 아이들 사이에 끼여 잠깐 그림을 그리는가 하더니 이내 교실을 이리저리 돌아다니기 시작했다. 심지어 그렇게 원하던 관심을 친구들이 자신에게 보일 때조차도 주변에 신경을 쓰지 않아 이를 눈치 채지 못하곤 했다. 이처럼 언제나 모호하고 예측할 수 없는 태도를 취했기 때문에 토니가 있든 없든 아무도 신경을 쓰지 않게 되었다.

그런 토니도 제이크에게만은 각별했다. 때로 남자아이들이 토니를 무시하고 화를 낼 때도, 혹은 토니가 방해된다고 생각할 때도 제이크는 편견 없이 토니를 도우려고 했기 때문이다. 이런 도움과 친절이 고마웠던 토니는 언제나 제이크를 따르고자 했다.

토니, 제이크와 이야기를 나눌 때였다.

나: 엄마를 보호해 드릴 필요가 있을까?

토니: (즉시) 음, 네. 왜 그런지 모르세요?

제이크: (솔직하게) 아니, 우리는 안 지켜 줄 건데.

나: (제이크에게) 엄마를 안 지켜 준다고?

토니: (단호하게) 난 지켜 줄 거예요.

나: 토니는 엄마를 지켜 준다고 그러고 제이크는 아니라고 그러네?

제이크: (확실하게) 맞아요.

토니: 아니, 그러니까 내 말은 우리는 엄마를 지켜 주지 않는다고요.

나: 토니, 엄마를 어떻게 지켜 준다고?

토니: (단호하게) 나는 엄마를 안 지켜 줘요.

나: 안 지켜 준다고?

토니: 네.

나: 엄마에게 네 도움이 필요한데도?

토니: 네.

    토니는 처음에는 엄마를 지켜 주겠다고 말했지만, 내가 제이크와 의견이 서로 다른 것을 지적하자 불편해하는 것 같았다. 제이크는 이런 의견 차이가 아무렇지도 않은 모양이었지만 토니는 이 부분에서 "아니, 그러니까 내 말은 우리는 엄마를 지켜 주지 않는다고요."라며 자신의 의견을 뒤집었다. 제이크는 자신의 의견을 따르는 것에 별 관심이 없는 듯 보였음에도 불구하고 토니는 제이크 편을 들기로 한 것이었다. 토니는 제이크와 함께하기를 간절히 원했기 때문에 언제든 제이크가 정한 규칙을 따르고자 했고, 자신의 의견 역시 제이크에 따라 결정했다. 뿐만 아니라 토니는 제이크와 함께하기 위해서라면 무엇이든 하려고 했다.

내가 롭과 제이크와 개별 면담을 나누고 있을 때였다. 이때 역시 토니는 끼고 싶어 했다. 한꺼번에 남자아이 셋을 데리고 면담하기엔 도저히 엄두가 나지 않아 토니에게 양해를 구했다. 면담을 본격적으로 시작하기에 앞서 아이들은 잠시 플레이모빌 장난감을 가지고 놀았다. 그때 갑자기 문이 확 열리더니 토니와 젠 선생님이 들어왔다. 젠 선생님은 내게 방해해서 미안하다고 사과하며 토니도 여기 함께 있기로 했느냐고 물어보았다. 분명 토니가 젠 선생님에게 그렇게 말을 한 것이리라. 젠 선생님이 토니 말이 맞느냐고 다시 묻기에 나는 토니는 오늘 면담에 함께하지 못하는 대신 다음번에 만나기로 했다고 대답해 주었다. 그러자 젠 선생님은 토니를 달래어 교실로 돌아가려 했지만, 토니가 말을 듣지 않았다. 나는 어떻게 해야 할지 당황스러워하는 그녀를 도와주기 위해 토니에게 함께 있어도 좋다고 말했다.

결국 토니는 소원대로 제이크와 함께하게 되었지만, 롭과 제이크의 놀이에는 낄 수 없었다. 집요하게 놀이에 끼고자 노력했지만 뜻대로 되지 않자 토니는 롭과 제이크의 놀이를 방해하기로 마음먹은 듯했다. 제이크의 귀에 대고 휘파람을 불거나 엉뚱한 말들을 계속 속삭였고, 제이크의 이름을 불러 관심을 유도하기도 했다. 그리고 토니의 이런 시도가 가끔씩 먹히기도 했다. 토니가 "좋아! 좋아! 내 친구. 아니, 왕이여!"라고 외치니 제이크가 웃음을 터트리며 즐거운 듯 이렇게 대꾸했다. "나는 왕이 아니거든!" 그렇지만 이것도 잠시, 제이크는 다시 롭과 함께 자기들이 하던 놀이로 관심을 돌렸다. 그때 토니가 장난감 창을 집어 들어 롭의 눈을 찌르려고 했다. 내가 엄한 목소리로 제지하자 토니는 건방진 말투로 이렇게 대꾸했다. "나는 이게 정말 좋은데요." 내가 토니에게 롭의 눈을 진짜로 찌를 뻔했다고 차분히 설명해 주자 토니는 이상할 정도로 냉담한 태도를 보이며 웃다가 "네."라고 성의 없이 대답할 뿐이었다.

토니의 행동은 점점 과격해지다 못해 갑자기 "아야!" 하고 외치며 바닥에 넘어지는 흉내를 내기에 이르렀다. 토니는 장난감을 들고 뛰어다니며 점점 더 짓궂게 행동했고, 롭과 제이크는 토니의 집요한 방해 끝에 결국 놀이에 흥미를 잃어버렸다.

제이크를 향한 토니의 일편단심이 제이크와의 관계에 꼭 유리한 것만은 아니었다. 토니는 제이크와 단 둘이 있을 때만 즐겁게 놀 수 있었는데, 항상 제이크의 의견을 따르고 제이크의 흥미를 끄는 데만 집중한 나머지 토니의 존재감은 점점 희미해지고 말았다. 그 결과 서로 도우며 진심을 나눌 수 있는 친구 사이가 되는 기회를 그만 놓치고 말았다.

어긋난 관심 끌기

토니는 제이크뿐만 아니라 다른 사람과의 관계에서도 변덕스럽고 짓궂은 행동을 반복했다. 이것이 토니가 선택한 자기만의 대인관계 방식이었다. 내게 처음 다가와 준 남자아이가 누구인지 기억한다면, 지금의 토니 모습이 이해가 되지 않을 것이다. 그때 보여 준 토니의 모습은 다른 누구와도 안정적인 관계를 맺어 나갈 수 있는 것처럼 보였다. 그리고 실제로 그러한 능력을 갖고 있었다. 그런데 시간이 지날수록 토니는 첫 만남 때와 같이 침착하면서도 사려 깊게 행동하다가도 특별한 이유 없이 행동이 돌변했다.

어느 날 토니, 민형이와 면담을 나눈 후 돌아오니 교실이 텅 비어 있었다. 나중에 알고 보니 모두들 전체 조회에 참석하기 위해 강당에 가 있었다. 조회에 합류하고자 하였지만 아이들이 강당에 가기 싫어해 우리는 교실에 있기로 했다. 대신 조용히 있기로 약속했다. 토니와 민형이는 소파에 앉아서 조용히 이야기를 나누기 시작했다. 내가 처음 이곳에 왔을 때 토니에게서 볼 수 있었던 침착하고 사려 깊은 모습 그 자체였다.

이때 타티아나가 손에 배트맨 가면을 들고 교실에 나타났다. 내가 나머지 아이들은 모두 강당에 갔다고 말하자, 타티아나는 자기도 여기 남아 있겠다고 말했다. 타티아나가 들고 있는 가면을 본 민형이는 부드러운 목소리로 이렇게 말했다. "타티아나, 내가 배트맨 그려 줄

게." 이에 아이들은 그림을 그리기 위해 탁자로 이동했다. 민형이가 그림을 그리기 시작하자 토니는 타티아나의 배트맨 가면에 관심을 보였다. 얼굴에 써보려고 했지만 가면에 달린 끈이 얼굴과 잘 맞지를 않았다.

> 토니: (타티아나에게) 이거 어떻게 해?
>
> 타티아나: (재미있다는 듯이) 나보고 도와달라고?
>
> 토니: 이거 할 수 있어?
>
> 타티아나: 어. 끈을 좀 더 늘려 봐. 이제 써봐.
>
> 토니: (가면을 써보고) 안 맞아.
>
> 타티아나: 여전히 안 맞네. 그렇지만 이렇게 끈이 짧은 게 더 좋을 걸. 나도 끈을 짧게 해봤더니 얼굴에 딱 맞고 좋았어. 그래야 가면이 안 흘러내리거든. 이리저리 뛰어다닐 때 말이야.
>
> 토니: (가면을 써보며) 그래?
>
> (타티아나가 웃는다.)

타티아나에게 도움을 요청하는 토니의 모습은 차분하고 기분이 좋아 보였다. 배트맨 가면이 잘 맞지 않자 흥미가 사라진 듯 이번엔 구멍 뚫는 도장에 관심을 보였다. 도장 찍듯이 누르면 다양한 모양의 구멍을 뚫을 수 있는 장난감이었다. 토니는 색종이 하나를 집어 들고는 태양 모양의 구멍을 다섯 개 뚫었다.

> 토니: 나는 하나, 둘, 셋, 넷, 다섯. 해가 다섯 개 있어요. 그리고 나는
> 다섯 살이고요.
> 타티아나: 나도 다섯 살인데.
> 나: (타티아나를 보고) 너도 다섯 살이라고?
> 민형: (타티아나에게) 나도 다섯 살이야.
> 토니: (민형이를 보고) 우와.
> 타티아나: (민형이에게) 우와.

그 사이 그림을 완성한 타티아나가 나에게 선물로 주었다. 토니 역시 내게 구멍 다섯 개가 뚫린 종이를 주었다. 나는 두 아이에게 고맙다는 인사를 전했다. 그때였다. 토니가 갑자기 안절부절 못해 하더니 탁자를 발로 차기 시작했다. 아직 그림을 그리고 있던 민형이에게 방해가 되어 이를 제지하자, 토니는 발길질을 멈추는 대신 엉터리 노래를 부르기 시작했다. "나는 엉덩이를 먹어 치워요, 엉덩이, 엉덩이, 엉덩이." 타티아나가 웃음을 터트리자 토니는 노래를 계속했다. "나는 진짜 엉덩이를 먹어 치우지 않아요. 나는 소시지를 먹어요." 이번에는 민형이도 옆에서 웃음을 터트렸다. 그러자 토니는 더욱 신이 나서 엉터리 노래 가사를 연신 만들어 냈고 끝내는 민형이와 타티아나도 그 이상한 노래에 합세하였다.

내가 강당에서 조회가 진행되고 있으니 조용히 해야 한다고 말리자 아이들은 다시 그림 그리기에 전념하기 시작했지만, 토니는 교실을 뛰어다니며 더 소란을 피웠다. 그리고 민형이에게까지 달리기를 제안하더니 이내 두 아이는 요란스럽게 교실을 뛰어다니기 시작했다. 아무리 말려도 소용이 없자 옆에 있던 타티아나에게 농담처럼 물었다. "저 남자애들을 어쩌면 좋을까?" 놀랍게도 타티아나는 내게 어떻게 해야 할지를 정확하게 알려 주었다. 타티아나는 내게 아이들에게 먼저 세 번의 기회를 주라고 말했다. 그러고는 ㅈ-기를 따라 하라며 이렇게 말했다. "너희에게는 세 번의 기회가 있다." 내가 타티아나의 말을 따라 아이들에게 외치자, 거짓말처럼 토니와 민형이는 하던 일을 멈추고 우리가 있는 쪽을 바라보았다. "이번이 너희들에게 주는 첫 번째 기회다."라고 말하라고 타티아나가 알려 주어 그대로 따라 했다. 놀랍게도 타티아나가 알려 준 방법들은 효과가 있었다. 내가 처음 아이들을 찾아갔을 때 타티아나는 낯선 곳에 온 나의 처지를 이해하고 반 아이들의 규칙과 문화를 이해하기 위해 알아야 할 것들에 대해 이야기해 준 아이였다.

사례에서처럼 토니는 계속해서 이런 식의 대인관계 방식을 고집했다. 그렇게 하면 가끔은 자기가 원하는 것을 얻을 수 있었기 때문이었다. 탁자를 발로 걸어차 그림을 망치는 등 토니의 충동적인 행동들은 처음에는 친구들을 짜증나게 만들었을지도 모르겠다. 그러나 토니가 계속해서 엉터리 노래를 지어 부르자 타티아나와 민형이는 결국 재미있어하며 토니와 합세해 교실을 뛰어다녔다. 이렇게 토니는 앞뒤가 맞지 않는 변덕스러운 행동을 통해 친구들과 지내는 방법을 터득해 나갔다. 어떠한 연관성이나 생각도 없어 보이는 행동들이었지만, 이것들이 이따금 자신이 원하는 결과를 가져다주는 이상 토니는 자신의 대인관계 방식을 바꿀 필요를 느끼지 못하는 것 같았다.

토니의 돌출된 행동이 앗아간 배움의 기회

토니의 변덕스럽고 예의 없는 행동들은 때때로 친구들의 관심을 끄는 데 매우 효과적이었다. 무엇보다 놀라웠던 건 아무도 토니의 이런 행동에 신경 쓰지도, 나무라지도 않았다는 사실이었다.

물론 의도한 것은 아니었겠지만 토니는 때때로 자신의 감정을 폭발하거나 나쁜 행동을 하여 원하는 것을 얻는 경우가 있었다. 한번은 토니가 타티아나가 집에서 가져온 인형을 가지고 놀겠다고 우기는 바람에 작은 다툼이 생긴 적이 있었다. 타티아나가 인형을 주기 싫어하자 토니가 화를 낸 것이다. 토니는 울고 소리를 지르며 의자를 넘어트렸고 허공을 향해 발길질과 주먹질까지 해댔다. 끝내는 물건을 집어 던지기 시작했다. 발판에 이어 동물 인형을 집어 바닥에 던지려고 하자 젠 선생님이 토니와 타티아나를 불러 모았다. 젠 선생님은 타티아나에게 친구에게 양보하기 싫은 장난감은 애초에 들고 오지 말았어야 한다고 말하며 상황을 해결하려고 했다. 토니가 화를 낸 것에 대해서는 아무런 말도 하지 않고 말이다. 오히려 젠 선생님은 문제가 된 인형을 타티아나에게서 받아 토니에게 건네주었다.

다른 아이들은 선생님이 착한 일을 하면 칭찬을 하고, 잘못을 하면 꾸짖을 것이라고 생각한다. 그렇지만 토니만은 이러한 기준에서 자유로운 것처럼 보였다. 토니가 엄마를 찾아 자주 교실을 들락날락해도 아무도 신경을 쓰거나 주의를 주지 않는 것처럼, 토니의 잘못된 행동에 대해 책임을 묻는 사람은 아무도 없는 것 같았다. 그 결과 토니는 종종 이렇게 다른 친구들을 힘들게 하고도 벌 받지 않고 피해 갈 수 있었다. 결국 이런 상황은 토니에게 아무런 도움이 되지 못했을 뿐 아니라 결과적으로 친구들과 올바른 관계를 맺기 위해 필요한 주의나 가르침의 기회를 빼앗아 가고 말았다.

아들을 변화시키는 것은 친구다

토니가 여전히 인형에 관심을 갖는 것도 다른 남자아이들과 멀어진 이유 중 하나였다. 앞에서 살펴보았던 것처럼 남자아이들은 자신이 남자임을 증명하고 함께 어울리기 위해 총과 같은 남자아이들의 놀이에 관심을 갖거나 관심 있는 척해야 했다. 또 자신들이 여자아이와 다르다는 점을 강조하기 위해 여자와 관련된 모든 것을 일절 부정해야만 했다.

　나중에 알게 되었지만 토니는 인형을 좋아했고 인형 놀이를 즐겼다. 토니의 이런 모습은 가정에서도 문제가 되었다. 새아빠가 반대하는데도 불구하고 토니가 계속해서 인형을 가지고 놀았기 때문이었다. 다만 새아빠가 집에 있을 때는 들키지 않도록 조심했기 때문에 토니가 인형을 가지고 노는 문제에 대해 본격적으로 갈등을 느끼기 시작한 건 사실 또래 친구들과 어울리면서부터였다. 토니는 자신이 인형에 관심을 갖는 일이 앞으로 어떤 결과를 가져올지 그 숨은 의미에 대해 심각하게 고민할 수밖에 없었다. 인형에 대한 자신의 관심이 또래 친구들과의 사이에서 자신의 위치를 흔들 수도 있다는 사실을 깨달은 것이었다. 그래서일까. 내가 제이크와 놀고 있는 토니에게 인형 놀이 이야기를 꺼내자 토니는 즉시 제이크의 부정적인 반응을 그대로 따라 했다. 그리고 심지어 제이크보다 더 심하게 부정하는 모습을 보이기도 했다.

나: 너희들은 인형을 가지고 놀아 본 적이 있니?

제이크: 아니요! 절대로요!

토니: (제이크 편을 들며 아주 강한 어조로) 인형 같은 거 안 가지고 놀아요. 우리는 인형 싫어해요. 인형 따위 다 없애 버릴 거야!

나: 인형을 가지고 놀면 어떻게 될까? 너희들은 그런 남자아이를

보면 어떻게 할 거니? 인형 가지고 노는 남자아이를 보며 어떤 생각이 들어?

제이크, 토니: 음⋯⋯.

제이크: (반쯤 장난하는 듯한 목소리로) 바보.

나: 바보?

토니: 네, 바보요.

나: 인형 가지고 놀면 바보구나.

제이크: 네, 바보라고 생각해요.

제이크와 토니는 모두 인형을 가지고 노는 일이 남자아이에게 그다지 환영받지 못한다는 사실을 잘 알고 있었다. 그렇지만 토니는 상황이 좀 복잡했다. 인형 놀이를 좋아했지만, 동시에 그럴 경우 남자아이들과의 관계를 망칠 수도 있다는 걸 잘 알고 있었다. 자신이 맺고 있는 관계, 특히 제이크와의 관계를 망치기 싫었던 토니는 강한 어조로 "인형 같은 거 안 가지고 놀아요. 우리는 인형 싫어해요."라고 말하며 자신이 인형을 가지고 논다는 사실을 부정했다. 심지어 "인형 따위 다 없애 버릴 거야!"라는 극단적인 표현도 서슴지 않았다.

그럼에도 토니는 자신의 관심과 성향을 완벽하게 숨길 수가 없었다. 어느 날 유아원을 찾아가니, 토니를 포함하여 여자아이와 남자아이 5명이 모여 바비 인형을 가지고 놀고 있었다. 나를 본 가브리엘라 (부모의 재혼으로 토니와 가족이 되었다.)가 인사를 하며 손에 들고 있던 바비 인형을 흔들어 보였다. 가브리엘라는 바비 인형처럼 크고 예쁜 인형을 좋아했다. "나는 바비 인형이 정말 좋아요!" 가브리엘라는 앉은 자리에서 이렇게 소리를 질렀다. 그러다 문득 집에서 아빠가 토니에게 인형을 가지고 놀지 못하게 했던 게 기억이 난 것일까, 가브리엘라가 갑자기 토니를 돌아보더니 이렇게 말했다. "토니, 너는 여자아이들 장난감을 가지고 놀 수 없어." 토니가 왜냐고 물어보자 가브리엘라는 단호한 말투로 "아빠가 그랬어."라고 대답하는 것이었다. 점점 인형 놀이가 남자 놀이냐 여자 놀이냐의 문제로 불거지자 같이 있던 다른 남자아이는 자리를 떠났고 토니만이 여자아이들 사이에 남게 되었다. 그러나 결국 토니 역시 여자아이들과 함께 여자아이의 장난감을 가지고 노는 게 신경 쓰였는지 다른 곳으로 가버렸다.

토니의 이처럼 다소 성별에 맞지 않는 행동이 아이들 사이에서 따돌림으로 이어지지 않았다면 어땠을까. 그러나 현실은 그렇지 못했고, 토니는 또래 아이들을 거스르기보다 인형에 대한 관심을 부인하는 쪽을 선택했다.

즉 토니가 인형 놀이를 하지 않기로 한 이유는 엄마 아빠와 같은 어른이 아닌 또래 집단의 문화 때문이었다. 자신이 속한 집단 문화를 따르고 다른 남자아이들과 같은 모습이 됨으로써 함께 어울리고 싶다는 열망이 토니로 하여금 인형의 대한 관심을 포기하거나 최소한 감추도록 만들었다. 어른들이 만든 규칙을 따르거나 남성성을 증명하는 일 따위는 토니에게 그리 중요한 일이 아니었던 것이다.

토니의 사례 연구를 통해 대인관계 역량이 충분하고 친구들과 어울리고 싶어 하는 남자아이들이 그럼에도 불구하고 왜, 그리고 어떻게 다른 사람들과의 관계에서 어려움을 겪을 수밖에 없는지 조금은 엿볼 수 있다. 엄마나 제이크를 향한 과도한 애정 집착이나 인형에 대한 관심만이 그 원인이라고만은 볼 수 없다. 오히려 자신이 원래 갖고 있는 다정하고 세심한 능력이 아닌 엉뚱하고도 짓궂은 행동을 함으로써 아이들의 관심과 흥미를 끌고자 한 것이 문제였다. 결국 토니는 누군가의 도움 없이는 친구들과 어울리기가 힘들어졌고, 누구하고도 그토록 원했던 확신과 안전을 느낄 수 있는 관계를 맺을 수 없었다.

부모는 모르는
아들의 비밀 모임

악당의 등장

아이들은 어른들 몰래 비밀 모임을 만들기도 한다. 그들의 주된 일과는 다른 사람을 괴롭히는 일이다.

남자아이들 사이에 비밀 모임이 있다는 것을 알게 된 것은 롭과의 면담 때였다.

롭: 나는 친구들과 어떤 모임을 만들었는데요…….

나: 아, 그래? 어떤 모임? 클럽 같은 거?

롭: (작은 목소리로) '악당 클럽'이요.

나: (알아듣지 못하고) 악당…… 뭐?

롭: 악당 클럽이요. 그냥 우리들이 하는 놀이예요. 별거 없어요. 우리가 하는 일은 그냥 사람들을 놀리는 거예요. 누군가 놀고 있으면 가서 방해하고 괴롭히는 그런 거요.

이 대화를 나누기 전까지 나는 남자아이들 사이에 이런 모임이 있는지 전혀 모르고 있었다. 나중에 알게 되었지만, 아이들의 부모님들이나 선생님들 역시 이 모임에 대해서는 모르고 있었다. 아이들이 어른들에게 비밀로 하려고 한 이유에 대해서는 충분히 납득이 되었다. 그렇지만 이렇게 어린아이들이 자기들만의 비밀을 간직하고 있을 수 있다는 사실에 대단히 놀랐다. 그리고 그런 이야기를 내게 해준 롭에게 무척 고마웠다.

악당 클럽에서 주로 하는 일들은 돌아다니며 사람들을 못살게 구는 일이었다. 📝 예를 들어 소꿉놀이를 하고 있는 친구들에게 몰래 다가가 장난감을 집어던지거나 손으로 휘저어 놓는 등 훼방을 놓았다. 무엇보다 이 악당 클럽이 진짜 노리는 것은 다름 아닌 여자아이들이었다. 여자아이들은 자신들과 적대 관계이며, 이 더결에서 자신들이 우위를 차지해야 한다고 생각했다. 최소한 그렇다고 생각할 수 있기를 바랐다. 이러한 생각에 기반하여 악당 클럽의 행동이 결정됐다.

📖 **아들 성장보고서 플러스**

아이들에게 성실한 사람은 어딘지 모르게 재미없고 비굴해 보이지만, 악당은 좀 더 짜릿하고 야성적으로 보인다. 아이들의 악당 놀이는 때로는 폭력성을 띄기도 하지만, 이를 너무 걱정할 필요는 없다.

롭: 처음에는 착한 클럽이라고 하려고 했거든요.

마이크: 아니야, 여자아이들이 착한 클럽이지. 우리는 그냥 악당 클
럽이야.

롭: 나도 알아.

나: 여자아이들은 좋은 편이고 너희들은 나쁜 편이라고? 착한 클럽
이나 악당 클럽이나 다 같은 게 아니고?

마이크: 우리는 진짜로 좋은 편이 아니니까요. 우리는 '무서운 편'
이에요.

나: 무섭다고?

롭: 네.

나: 그게 정확하게 무슨 뜻이지?

마이크: 그러니까 절대로 웃지 않는다고요. 무서운 사람들인 거죠.

나: 이제 알겠다.

롭: 네, 절대로 안 웃어요.

롭과 마이크는 잠시 말없이 입술만 달싹거리며 웃지 않으려고 애
를 썼다.

마이크: (조금 당황한 듯) 나 지금 웃었어요. 웃지 않는 건 힘들어요.

롭: (여전히 입을 씰룩거리며) 우리는 이렇게 웃지 않는 무서운 사람이
되어야 해요.

마이크: (다시 무서운 표정을 지으며) 무서운 사람!

롭: 맞아.

여자아이들은 항상 착한 일을 하며 자신들은 나쁜 일을 한다고 주
장하며 남자아이들은 자신들이 여자아이들과 전혀 다르다는 것을 보
여 주려고 애를 썼다.

나: 그러니까 여자아이들은 좋은 편이구나?

마이크: 네.

나: 왜 그렇지?

마이크: 왜냐하면 여자아이들은 항상 좋고 착한 일만 하잖아요.

롭: 맞아. 그리고 우리는 나쁜 일을 하고.

나: 그러면 너희들은 좋고 착한 일을 한 적이 없니?

롭: 없어요.

나: (마이크에게) 그러면 어떤 나쁜 일을 했는지 이야기해 줄 수 있
니?

마이크: 교실에서 발로 걸어차고 주먹질하고…….

롭: 나는 책 표지를 벗겨 버린 적이 있어요.

나: 화가 나서 그랬니?

롭: 아니요. 그냥 표지를 벗겨서 다른 사람에게 던졌어요.

나: 그러면 진짜로 뭔가 좋은 일을 한 적은 없고?

롭: 하나도 없어요.

마이크 역시 같은 대답이었다. 두 아이 모두 자신들이 뭔가 착하고 좋은 일을 한 적이 있다는 사실을 인정하고 싶어 하지 않았다. 특히나 지금처럼 여자아이들은 좋은 일을, 그리고 남자아이들은 나쁜 일을 한다고 딱 잘라 말하고 난 뒤에는 더더욱.

아이들은 진짜 남자아이가 되기 위해서는 우선 악당이 되어 나쁜 행동을 해야 한다고 믿었다. 다시 말하면 악당이 되어 나쁜 행동을 함으로써 자신들이 진짜 남자아이라는 사실을 보여 줄 수 있다고 생각한 모양이었다. 또한 악당이 되면 진짜 남자아이로 인정받을 수 있을 뿐 아니라 그들만의 소속감도 느낄 수 있었다. 그만큼 남자아이들에게 이 모임에 들어가는 일은 남자로서의 위치를 정하는 중요한 기준이자 동성 친구들에게 자신의 정체성을 드러내고 서로 친구가 될 수 있음을 나타내는 상징과도 같았다.

악당이 되기 위해
아들이 지불해야 하는 것

악당의 자격 조건에는 숨은 의미가 있다. 이는 남자아이들이 무엇을 지불해야
하는지를 보여 준다.

 이 시기 남자아이들이 성장하는 과정은 악당 클럽에 참여하는 모
습을 통해서도 살펴볼 수 있다. 표면적으로 드러나는 악당 클럽의 목
표는 여자아이들에 대한 대항이다. 이는 앞에서도 여러 차례 말했듯
이 남자아이들에게 자신의 남성성을 확립하는 데 중요한 역할을 한
다. 여기서 말하는 남성성이란 여성성의 정반대의 입장을 취하는 것
을 의미한다.

 이러한 악당 클럽에 들어갈 수 있는 자격 조건에는 숨은 의미가 있
다. 이는 남자아이들이 마주하는 도전과 상황마다 무엇을 지불해야
하는지를 보여 준다. 자신들이 들어간 무리와 문화에서 강요하는 규
칙에 따라 서열과 경쟁을 받아들임으로써 자신의 정체성 및 행동, 친

구와 어울리는 방식까지 바꾸어 가야만 하는 것이다.

갈림길에 선 아이들

악당 클럽은 남자아이들 사이의 서열을 강화하는 결과로 이어졌다. 악당 클럽이 만들어지면서 자연스럽게 남자아이들 사이에 존재하던 서열과 위치가 더욱 확고해진 것이다. 악당 클럽의 대장은 아이들 사이에서 가장 자기주장이 뚜렷하며 때로는 강압적이기도 한 마이크였는데, 또래 사이에서 우두머리 역할을 하던 마이크의 위치가 이로써 더욱 확고해졌다. 남자아이들은 마이크의 말이라면 거부하지 못했고, 마이크가 대장인 것에 대해서 의문을 제기하거나 반대하려 하지 않았다. 마이크 역시 다른 남자아이들에게 자신의 가치와 우월성을 끊임없이 과시함으로써, 자신의 자리를 확고히 하고자 했다. 예를 들어 어느 날 마이크는 갑자기 "나는 롭보다 힘이 더 강하다."라고 선언했다. 마치 자신의 권리를 정당화하고 방어하려는 것처럼 마이크는 자신의 위치와 힘을 과시하는 행동을 계속했다.

남자아이들이라면 무조건 악당 클럽의 일원이 될 수 있는 것은 아니었다. 심지어는 모임에서 밀려나는 일도 있었다. 바로 악당 클럽의 규칙인 서로 따돌리지 않는다는 조항을 위반할 경우였다.

놀이 시간, 마이크는 롭과 함께 블록 장난감을 가지고 놀고 있었다.

그때 댄이 마이크에게 다가가 롭이 아까 성 만드는 데 끼어 주지 않았다고 고자질했다. 댄의 이런 불만을 옆에서 듣게 된 롭은 그 즉시 해명하려고 애를 썼다.

롭: 그게 아니야. 나는 "이건 너랑은 상관없는 놀이야!"라고 했어. 그게 전부라고.

댄: 그렇지만 그게 나 따돌린 거잖아.

롭: 그런 게 아니라니까. 내 말이 맞지 마이크?

마이크: 사실 댄의 말이 맞아.

댄: (마이크에게 속삭인다.) 그러면 롭을 우리 모임에서 쫓아내는 거 맞지?

마이크: 그래, 그래야지. 넌 이제 악당 클럽에서 쫓겨났어. 너는 이제 좋은 녀석들에 들어가. 너는 여자야.

롭은 위기에서 벗어나기 위해 자신을 변호하려고 갖은 애를 썼다. 다행히 롭이 우려했던 불상사는 일어나지 않았지만, 아이들의 대화를 통해 모임에서의 추방은 단순히 집단에서 밀려나는 것을 벗어나 여자의 모임에 들어가는 것을 의미하며, 이는 곧 정체성의 흔들림마저 의미한다는 것을 알 수 있었다.

남자아이들은 악당 클럽에 들어감으로써 진정한 남자아이가 될 수 있다고 생각했다. 하지만 악당 클럽의 일원이 되는 일이 좋은 점만 있는 것은 아니었다. 소속감이 생기고 든든한 의지처가 생기는 반면, 자신이 원치 않음에도 불구하고 무리에서 밀려나지 않기 위해 따라야 하는 일들이 생겼다. 특히 대장인 마이크가 정한 규칙을 따르고 집단의 규정을 준수해야만 했다. 마이크의 권위에 도전하는 일은 훨씬 더 어려워졌다. 전에는 마이크만 상대하면 되었다면 이제는 악당 클럽 아이들을 모두 상대해야 했던 것이다. 모임에 남느냐, 쫓겨나느냐의 갈림길에 선 남자아이들은 종종 자신의 뜻과 반하는 행동을 하거나 자신의 본모습(생각, 성향)을 숨겨야 하는 상황에 놓였다. 제이크의 경우에는 여자아이들과 친하게 지내는 걸 숨겨야만 했다. (평소 제이크는 대외적으로는 여자아이들을 멀리했지만 친하게 지냈다.) 이 사실을 대장인 마이크가 알게 되면 모임에서 쫓겨나 집단에서 따돌림을 당하고 외톨이가 될지도 모르기 때문이다. 롭의 경우에는 억지로 원치 않는 행동을 해야만 했다. 자신의 뜻과 상관없이 친구들을 괴롭혀야 했고, 놀이도 마음대로 선택할 수 없었던 탓에 롭은 상당히 괴로워했다. 그러나 모임에서 나왔을 때 공격의 대상이 될 수 있다는 생각에 두려워했다.

이처럼 또래 집단 문화의 규칙을 따르기 위해 자신의 생각과 욕망을 포기해야 하는 상황에 놓인 아이들은 저마다 불만을 품고 있었다.

마이크 이야기 :
대장이 되느냐 따돌림 당하느냐
_자신의 나약한 모습을 숨기는 법

마이크는 때로는 폭군처럼, 때로는 보호자처럼 행동하며 또래 친구들에게 막강한 영향력을 미쳤다. 마이크의 사례는 강한 남성성이 친구들과 어울리는 데 어떤 작용을 하는지 보여 준다. 또한 자신의 나약함을 보호하는 수단이 되기도 함을 일깨워 준다.

사실 악당 클럽은 마이크의 주도하에 만들어졌다. 마이크는 모임을 만들기 전부터 공격적인 행동과 태도로 또래 친구들을 굴복시키고 자신을 따르게 만들었다. 자기가 앉은 벤치에 여자아이들이 앉으려고 하면 훼방을 놓았고, 자기가 아닌 다른 친구와 놀았다는 이유로 친구를 괴롭히기도 했다. 마이크는 모든 상호 관계를 도 아니면 도의 방식으로 생각했고, 자신이 만들어 가는 관계를 '지배하느냐 지배당하느냐'의 방식으로 접근했다. 그로 인해 아이들은 마이크의 눈치를 보기에 바빴고, 마이크의 기분을 거스르지 않기 위해 행동했다.

물론 마이크가 위협적이며 공격적인 태도를 취하긴 했지만 그것만으로 남자아이들의 대장 노릇을 하게 된 것은 아니었다. 마이크는 어떻게 하면 또래 친구들의 관심을 끌 수 있는지 잘 알고 있었다.

마이크: 나는 아주아주 큰 상어를 봤어!
롭: (놀라서) 그럼 상어를 죽였어?
마이크: (허세를 부리며) 그럼! 그래서 내가 이렇게 상어 이빨을 얻었
잖아.

남자아이 특유의 허세와 과장으로 자신의 모험을 재미나게 들려주기도 했고, 아이들에게 금기되어 있는 주제에 대한 지식을 과시하기도 했다. 예를 들어 마이크는 아이들이 볼 수 없는 방송 등에서 얻은 비밀스러운 정보를 다른 남자아이들에게 제공해 주곤 했다. 대부분의 아이들은 가정에서 연령에 적합하지 않은 방송이나 영화가 엄격히 제한되었다. 아이들에게 마이크는 아는 것이 많은 어른스러운 친구였다. 어느 날은 마이크가 아이들에게 어른들이나 쓰는 욕을 가르쳐 주기도 했다.

마이크: (자신이 최근에 본 영화 이야기를 들려주며) 그러니까 군인들이 나오는 영화였어. 아주 끔찍했지. 온 사방에 피가 흐르고 사람들은 탱크를 피해 도망가다가 바닥에 넘어지고, 그렇게 사람들이……. 어른들만 보는 영화란 말이야. 얼마나 나쁜 욕들을 하는지…….

제이크: 어떤 말?

마이크: (한숨을 내쉬며) 아휴, 아주 나쁜 말이야.

제이크: 그게 뭔데? 아주 나쁜 말 어떤 거?

마이크: (뭐라고 중얼거리며) 엄마 아빠가 하지 말라고 했는데.

제이크: 뭐야, 알려 줘~~.

마이크: 좋아! 그게 무슨 말이냐 하면 말이야, 바로 '십○' '지○' 이
       런 말이야.

마이크는 스스로 주도권을 잡는 방법을 잘 아는 듯 보였다. 내가 아이들을 찾아갔을 때, 마이크는 블록 장난감을 가지고 성을 만들고 있는 롭을 바라보고 있었다. 마이크는 롭에게 자기도 함께 놀아도 되냐고 묻지 않았다. 이런 질문은 사실 롭에게 받아들이거나 거부할 수 있는 일종의 권한을 주고 인정해 주는 행위였기 때문이었다. 그런 권한을 주는 대신 마이크는 말없이 다가가 롭이 만든 성에 대해 트집을 잡으며 놀이에 끼어들었다. "그건 성하고 전혀 안 닮았는데. 다리랑 더

📖 아들 성장보고서 플러스

이 시기 남자아이들은 '나쁜 말'의 힘을 알아간다. 아들은 자라면서 난폭한 언어를 힘의 수단으로 사용한다. 위험하고 금기된 말을 함으로써 스스로 우월감을 느끼는 것이다. 만약 아이가 유년기를 벗어났다면 부모는 엄중한 처벌로 아들에게 스스로의 행동을 책임지게 할 필요가 있다.

비슷해."라고 말하며 자기가 도와주겠다고 했다. "이리 줘봐. 내가 성을 한번 만들어 볼 테니까." 마치 롭이 도움을 청했던 것처럼 이렇게 말하며, 마이크는 롭과 함께 성을 만들기 시작했다.

자신의 나약함을 보호하기 위한 필사적인 노력

마이크가 꼭 아이들을 괴롭히고 마음대로 굴었던 것만은 아니었다. 마이크는 대장으로서 아이들을 적극적으로 보호하고자 했다. 탁자 하나를 둘러싸고 다 함께 앉아 있을 때, 나는 마이크와 민형이에게 어떤 종류의 책이나 이야기를 좋아하냐고 물었다. 마이크는 도둑이나 강도가 나오는 이야기를 좋아한다고 했고, 민형이는 초능력 영웅들의 이야기를 좋아한다고 답했다. 민형이는 자신이 좋아하는 영웅들의 이름을 나열하다가 갑자기 자기 사물함으로 가서 파워레인저가 그려져 있는 티셔츠를 가지고 왔다. 아마 입고 있던 옷을 벗고 파워레인저 티셔츠로 갈아입고 싶었던 모양이었다. 손에 티셔츠를 든 채 민형이는 자기가 입고 있던 면 셔츠의 단추를 풀기 시작했다. 그리고 옷 안을 들추며 "나 지금 잠옷 입고 있다~!"라고 말했다. 당황해하는 아이들과 달리 민형이는 자신이 지금 한 말이 무슨 문제인지 잘 모르는 눈치였다. 그렇지만 댄이 민형이의 말을 따라 하며 "민형이는 잠옷을 입고 있대!"라고 놀리듯 말하자 마이크가 굳은 목소리로 말했다. "그거 잠옷 아니야. 그냥 소매가 긴 셔츠야." 마이크의 말에 아이들은 아무도 민형이를 놀리지 못했다. 이렇듯 마이크는 때때로 대장으로서 친구들을 세심하게 챙겨 주었다.

마이크와 롭, 제이크, 민형이가 만화책을 함께 들여다보면서 폭력적인 장면에 대해 이야기를 나누고 있을 때였다. 롭이 먼저 슬픈 듯이 물었다. "내가 좋아하는 주인공이 죽는 거야?" 그러자 마이크는 부드러운 목소리로 롭을 안심시켜 주었다. "아니야. 안 죽어." 그 외에도 마이크는 댄과 함께 놀던 중에 댄의 말투와 목소리가 미묘하게 변한 것을 알아차리고는 이렇게 묻기도 했다. "너 기분이 안 좋니?" 댄이 "아니, 그냥 누구 좀 흉내 내는 거야."라고 대답하자 마이크는 안심하는 것처럼 보였다.

마이크는 특히 친구들의 약한 모습에 예민하게 반응하는 모습을 보였다. 그건 아마도 마이크 스스로 자신의 나약함에 예민했기 때문이 아닐까 싶었다. 평상시 마이크는 언제나 자신감이 넘쳤고 적극적인 모습이었는데, 속으로는 친구들이 자신을 밀쳐 내는 건 아닐지 언제나 불안해했다. 이것이 마이크가 악당 클럽을 주도한 이유이기도 했다. 마이크는 부모님의 이혼을 겪은 후 누군가 자신을 떠날지도 모르며, 원치 않을지도 모른다는 사실을 두려워하게 되었다. 자신의 상처받은 감정과 나약함, 두려움을 감추기 위해서 일부러 더 거칠고 공격적으로 행동하곤 했던 것이다.

그래서일까. 마이크는 다양한 방식으로 자신을 지키고자 했다. 주로 위압적으로 행동하여 아이들의 복종을 이끌어 냈지만, 때때로 자신의 나약함을 과장되게 드러내기도 했다.

한번은 민형이와 토니가 댄의 편을 들며 마이크의 말을 듣지 않았던 일이 있었다. 잠시 뒤 댄이 자리를 떠나 다른 곳에 가서 놀자 마이크는 조심스럽게 민형이와 토니에게 다가가 어리광 부리는 듯한 목소리를 내면서 함께 놀아도 되겠느냐고 물었다.

항상 대장 노릇을 하며 강압적인 태도만 취할 경우에는 거부 반응을 살 수 있다. 그러나 마이크는 이처럼 때때로 약한 척을 하여 거부감 없이 자신이 원하는 바를 얻어 냈고 다른 사람에게 자신의 주도권을 넘기는 불편한 상황을 피할 수 있었다. 당연한 결과지만, 민형이와 토니가 자신을 받아들이자 마이크는 본래의 모습으로 돌아가 다시 위압적인 태도를 보였다.

그러나 마이크도 어쩔 수 없이 밀려나는 때가 분명히 있었다. 이런 상황이 되면 마이크는 재빨리 보복할 방법을 찾았는데, 보통은 거칠고 공격적인 방법을 사용했다. 이를 통해 마이크는 자신의 나약함이나 약점을 드러내지 않으면서도 상처받은 감정을 표현할 수 있었다.

그리고 이러한 전략은 마이크의 진짜 속마음을 알 수 없게 만들었다.

마이크는 사실 그 위압적인 태도 때문에 또래 친구들로부터 따돌림을 받을 가능성도 있었다. 그렇지만 난폭하고 거친 모습만이 아니라 멋지고 능력 있는 모습을 함께 드러냄으로써 남자아이들뿐만 아니라 여자아이들까지 매료시켰고 영향력을 미칠 수 있었다. 대부분의 남자아이들이 마이크에게 대항하기보다는 그를 따르는 쪽을 선택하는 것처럼, 여자아이들도 마이크의 거친 남성스러운 모습에 거부감을 느끼기보다는 끌리는 것처럼 보였다. 예를 들어 마이크가 해적흉내를 내면서 타티아나에게 으르렁거리자 타티아나는 미소를 지으며 마이크를 아주 사랑스럽다는 듯 바라보았다. 그리고 몇 달 뒤, 내가 아이들을 만나러 갔을 때 타티아나는 내게 아주 행복한 듯 이렇게 말했다. "내가 누구랑 결혼하고 싶냐면요……. 바로 마이크에요!"라고 말이다.

'악당 클럽'이라는 모임을 만들고 스스로 대장이 된 마이크는 자신에게 등을 돌리거나 도전하는 사람에게는 그 누구라도 바로 응징하는 모습을 보였다. 그렇지만 마이크는 끊임없이 친구들이 자신을 버릴지도 모른다는 생각에 불안해했다. 그리고 이러한 염려로부터 자신을 보호하기 위해 친구들에게 위압적이고 강인한 태도로 일관했으며, 한편으로는 모든 것을 주도하기 위해 굉장히 애를 썼다. 심지어 아무도 반대하는 사람이 없을 때조차도 그러했다. 예컨대 자신은 강하고 뛰어나기 때문에 대장으로서 존경과 사랑을 받을 만하다는 것을 끊임없이 과시하고 싶어 했다. 말하자면 자신의 권력과 특권을 지키기 위해 강한 남자인 척을 했다는 뜻이다. 불행히도 이렇게 두꺼운 남성의 가면을 뒤집어쓴 탓에 마이크는 자신만의 품성을 꼭꼭 감출 수밖에 없었다. 그로 인해 아이들과 진정한 친구 관계를 맺을 수는 없었다.

또래 규칙으로부터 자유로운 마이크

다른 남자아이들이 집단의 기준을 따르거나 최소한 따르는 척해야 했던 것과는 달리, 대장으로 군림하고 있던 마이크는 비교적 많은 자유를 누렸다. 주로 무리의 규칙을 만드는 것 또한 마이크였기 때문에 자신이 원하는 대로 규칙을 바꾸거나 예외적으로 행동할 수가 있었던 것이다. 무엇보다 마이크는 자신의 행동이 친구들과의 관계나 자신의 정체성을 위협하는 건 아닐지 걱정할 필요가 없었다.

마이크와 제이크, 민형이, 토니 그리고 가브리엘라가 함께 모여 〈스타워즈〉 그림책을 보고 있었다. 제이크가 먼저 자기는 레아 공주가 싫다고 말하고는 마이크의 눈치를 봤다. 마치 마이크도 같은 생각이라고 말해 주기를 기다리는 것 같았다. 그렇지만 마이크는 무심한 목소리로 이렇게 말했다. "나는 레아 공주가 좋은데."라고 말이다. 다른 남자아이들은 여자 주인공이 좋다고 말할 경우 친구들의 비웃음을 살 각오를 해야 했는데, 마이크는 자신이 평소 다른 친구들에게 강요하곤 했던 남성성의 기준에서 마음대로 벗어날 수 있었다. 또한 마이크는 자신이 원할 때면 언제든지 여자아이들과도 친하게 지낼 수 있었다. 그럴 수 있었던 한 가지 이유는 남자아이들과 마찬가지로 여자아이들 역시 마이크가 원하는 방식으로 어울려 주었기 때문이다. '아기 잡아 오기'처럼 남성적인 놀이에 기꺼이 동참한 것이었다.

미란다: (아주 열심히) 이것 봐 마이크! 아기를 붙잡았어!

마이크: 멋지다.

타티아나: (아주 열심히) 내 늑대가 아기를 붙잡았어! 늑대가 아기를!

미란다: 내가 지금까지 본 건…….

타티아나: 아기가 울어.

마이크: 이걸 좀 봐. 내가 만든 아기 잡아 오는 장치야.

미란다: 그러면 거기에 내가 만든 걸 합칠까?

마이크: 내가 잡았어. (장난감 인형을 들어 올리며) 내가 아기를 잡았어. 너는 이제 이 장치 속으로 들어가라.

미란다: 장치 안에 넣어.

마이크: 뇌를 빨아먹으면 아무것도 기억 못할 거야.

이 사례가 보여 주는 것처럼, 단지 여자아이들과 노는 행위 자체가 남자아이들의 남성성을 해치는 것이 아님을 알 수 있다. 문제는 남자아이들이 여자아이들과 어울리는 방식이다. 예컨대 같이 어울리는 방식이 '남성적'이냐 '여성적'이냐를 통해 서로 동등해지거나 그 반대가 될 수도 있는 것이다. 여자아이들이 마이크의 놀이 방식을 따름으로써 마이크는 다른 남자아이들과 함께 어울리는 것처럼 여자아이들과 즐겁게 어울릴 수 있었다.

남자아이들의 문화를 상징하는 작은 세계

악당 클럽은 남자아이들의 또래 문화와 구조를 상징하는 소우주라고 할 수 있다. 이 또래 집단의 기준과 가치는 '진짜 남자아이'의 모습을 제시하고, 아이들은 이 울타리 안에서 남자로서의 자의식을 형성해 가며 자신을 드러내고 또래 친구들과 어울리는 방법을 배워 나간다. 이곳에서만 볼 수 있는 특별한 현상은 아니다. 어느 곳에서나 남자아이와 여자아이는 서로 편을 가르며, 또래 집단 안에서는 서열이 생기기 마련이다.

다만 이곳의 아이들이 마이크처럼 강한 남성성을 과시하는 존재로 인해, 남성성의 기준을 따라야 한다는 압박이 더 심했는지는 정확히 알 수 없다. 어쩌면 마이크의 지나친 행동으로 인해 아이들은 남자처럼 행동하는 일에 더 큰 부담을 느꼈을지도 모르겠다. 하지만 분명한 사실은 마이크가 없을 때는 또 다른 남자아이가 마이크 대신 대장 노룻을 했다는 것이다. 가만히 보면 남자아이들이 거부감을 느낀 것은 이러한 또래 집단이 아니라 극단적인 경쟁 구도와 서열이었다.

악당 클럽에 대한 남자아이들의 생각과 참여 방식을 들여다봄으로써 우리는 아들의 성장 과정에서 주변 환경이 얼마나 중요한지를 알 수 있다. 또한 마이크의 사례를 통해 강한 남성성을 강조하는 행동이 친구들과 어울리는 데 어떤 작용을 하는지도 유추해 볼 수 있다.

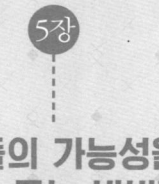

5장

아들은
기대하는 만큼 자란다

아들은 자신의 성장을
스스로 선택한다

남자아이는 자신의 성장에 능동적으로 참여한다. 자신의 모습과 행동을 심사숙고해서 결정한 후 변해 간다.

유아기는 남자아이들에게 남자답게 행동해야 한다는 압박이 강해지는 시기다. 집이 아닌 낯선 공간에서 또래 친구들과 보내기 시작하는 시기이기 때문이다. 앞에서 소개한 남자아이들의 이야기를 통해 이 시기 아들이 또래 집단 문화에서 어떤 갈등을 겪고 있는지 엿볼 수 있었을 것이다.

또 한편으로 이 시기의 남자아이들이 우리들의 편견과 달리 감정적·사회적으로 얼마나 똑똑하고 성숙한지도 확인할 수 있었을 것이다. 우리는 남자아이들은 여자아이들에 비해 감정을 이해하고 표현하는 데 서툴며 관계를 맺는 능력이 부족하다고 알고 있다. 그러나 이러한 편견과 달리 우리가 지금까지 만난 유아기의 남자아이들은 전

4~6세 아들 성장보고서

혀 그렇지 않았다. 사회적 관계를 파악하는 데도 아주 뛰어났으며, 상대의 감정 상태를 예민하게 알아차릴 뿐 아니라 자신의 감정을 표현하는 데도 적극적이었다.

또 우리는 남자아이들의 이러한 모습이 변해 가는 것도 확인할 수 있었다. 아이들은 자신의 감정을 숨기는 법을 배워 나갔고, 행동도 점점 거칠고 산만해져 갔다. 그에 따라 다른 사람과 관계를 맺고 행동하는 방식 역시 변해 갔다.

그러한 변화는 강제적인 것도, 우연히 일어나는 것도 아니다. 남자아이들은 자신의 성장에 능동적으로 참여한다. 친구들과의 사이에서 스스로를 어떻게 드러내고 행동할지 심사숙고해서 결정을 내린다. 남자답게 행동해야 한다는 사회적(집단적) 기준을 깊이 염두에 두면서 말이다.

친구들과의 사이에서 일어나는 아들의 변화는 진짜 남자아이가 되어 가는 과정과 동시에 이루어지는 것처럼 보인다. 그 과정에서 악당 클럽과 같은 모임은 남성성의 기준을 확립하고 강화하는 데 중요한 역할을 한다.

물론 성향과 관심 분야가 다르듯 아이마다 서로 다르지만, 남자아이들의 모임과 그 안에서 강조되는 남성성은 모든 남자아이들이 극복해야 할 사회적 과제임에는 틀림이 없다. 남자아이들은 친구들과 잘 지내기를 바라며 그러한 능력을 과시하고 싶어 한다. 그리고 그 안에서 지속적이며 직접적으로 남자답게 행동해야 한다는 메시지와 규칙을 강요받게 된다. 굳이 그 무리에 합류하지 않더라도, 다른 남자아이들과 원활하게 지내면서 자신의 성정체성을 드러내기를 바라는 이상, 이러한 모임은 남자아이들에게 성별에 따른 사회화의 견인차 역할을 한다.

우리의 편견이 아들의 가능성에 미치는 영향

남자아이는 자신을 향한 부모의 생각이나 기대에 예민하다. 그것이 부정적인 것일수록 더욱 금방 알아챈다. 그리고 아이를 향한 부모의 생각과 기대는 고스란히 아이의 가치관에 뿌리를 내린다. 아이에게 지금 어떤 기대를 갖고 있는가?

우리는 편견으로 눈을 가린 채 아들을 키운다

내가 처음 아이들을 찾아갔을 때, 마이크의 엄마는 우리(나와 길리건 교수)의 연구에 깊은 관심을 보였다. 딸과는 달리 아들은 마치 수수께끼 같다는 말을 덧붙이며 말이다. 이러한 고민을 토로한 것은 비단 마이크의 엄마만이 아니었다. 지금까지 연구를 해오면서 사회적·경제적 그리고 교육적으로 서로 다른 배경을 가진 엄마들이 내게 자기 자식임에도 아들은 너무나 낯설고 멀게만 느껴진다고 토로했다. 엄마들의 이러한 고백은 실제로도 아들은 딸과 그리고 심지어 부모인 자신과도 매우 다르다는 것을 의미하기도 한다. 하지만 이는 동시에 우리의 문화가 성별에 따른 차이점을 강조하는 경향이 있음을 보여준다.

우리는 종종 남자아이와 여자아이는 너무 달라서 서로 이해할 수 없는 존재라고 말하곤 한다. 그리고 이는 일반적인 견해가 되어 대부분의 어른들은 이러한 선입견을 숨기려고 하거나 의문을 품으려 하지 않는다. 그렇지만 한 번만 더 생각해 보자. 그러한 편견이 정말 타당할까?

편견은 이것만이 아니다. 일반적으로 남자아이는 여자아이보다 다루기 어려운 사고뭉치라고 생각하는 경우가 많다. 루시아 선생님은 남자아이와 여자아이의 차이는 등원하는 모습에서도 확연히 드러난다고 말했다. 아침에 등원을 하면 여자아이들은 얌전히 앉아서 이야기꽃을 피우거나 각자 하고 싶은 놀이에 집중하는 데 반해, 남자아이들은 무리를 지어 이리저리 요란스럽게 뛰어다닌다는 것이었다. 이러한 설명이 남자아이의 일부 품성이나 아니면 일부 남자아이의 품성을 설명해 줄 수 있을지는 몰라도 '모두가 그렇다'고는 단정 짓기 어렵다. 남자아이들이 때로는 다소 거칠고 소란스러울 때도 있지만 단정하고 침착하며 조용할 때도 있다. 다만 어른들이 그런 모습들은 잘 알아차리지 못하거나 언급하지 않을 뿐이다. 이와 유사하게 여자아이들 역시 떼를 지어 몰려다니며 종종 거친 장난을 일삼는다. 그렇지만 아무도 그런 여자아이들의 모습을 야생동물과 비교하지는 않는다.

우리는 우리 자신의 추측과 기대를 확인시켜 주는 일, 그러니까 남자아이들은 남자아이처럼 행동한다는 식의 이야기에 더 주목하고 관심을 기울이는 경향이 있다. 반면에 우리의 고정관념을 뒤흔드는 일들은 쉽게 우리의 시선을 벗어나거나 무시당한다.

아들은 자라며 부모의 편견에 답한다

남자아이의 변화는 어른들보다 또래 친구들의 영향을 많이 받는다. 어른들이 총놀이를 하지 못하게 했음에도 여전히 총을 가지고 노는 아이들의 모습에서 그 영향력을 확인할 수 있다. 토니만 봐도, 토니는 새아빠가 아닌 남자아이들 사이에 끼고 싶은 마음에 인형을 멀리 하게 되었다.

그렇지만 어른들 역시 남자아이들의 자의식 확립과 행동 양상에 중요한 역할을 하는 것도 사실이다. 이 시기 아이들은 또래뿐 아니라 어른들이 자신에게 갖고 있는 기대를 민감하게 알아차린다. 특히 자신들에 대한 부정적인 생각이나 낮은 기대치일수록 더욱 금방 알아챈다. 남자아이들은 어른들이 자신들을 사고뭉치로 바라보고 있으며, 이에 근거하여 자신들을 대하고 있음을 눈치 챈다. 그래서 가급적 어른들이 주변에 있을 때는 자신의 공격성을 감추는 등 문제가 될 만한 행동을 하지 않기 위해 주의를 기울인다. 예를 들어 여자아이들을 공격하기 위해 작당을 벌이다가도 선생님이 다가오면 아무 일도 아닌 척 놀이를 숨겼다. 또 서로 티격대다가도 사이좋게 노는 것처럼 행동했다. 자신들이 뭔가 옳지 않은 일을 하고 있다는 사실을 인지하고 있는 듯했다.

하루는 민형이와 댄, 마이크가 그림을 그리고 있었다. 내가 지켜보고 있자, 민형이가 다가와 자신이 그린 다른 그림들도 보여 주겠다며 이끌었다. 댄 역시 민형이의 그림을 보고 싶은 듯 관심을 보이자 민형이가 이를 가로 막았다. 심지어 마이크에게 댄이 그림을 보지 못하게 해 달라며 도움을 요청하기도 했다. 물론 내 눈을 피해 가면서 말이다. 그러다 내가 이를 유심히 관찰하고 있는 것을 눈치 채자 "그냥 뭐 좀 물어본 거예요." 하며 얼버무리듯 웃으며 말했다.

심지어 남자아이들은 딱히 나쁜 짓을 하고 있지 않을 때에도 자신들의 결백을 내보이고자 했다. 롭, 마이크, 댄이 어떤 놀이를 할지 의논하고 있을 때였다. 이때 루시아 선생님이 다가와 "지금 무엇을 하고 있니?" 하고 묻자 아이들은 마치 짜기라도 한 듯 "우리는 착하게 놀고 있어요."라고 대답하는 것이었다. 아무 의미 없이 던진 선생님의 질문에 사고 치고 있는 게 아니라며 안심을 시키고자 한 것이다.

아이들은 이처럼 자신들을 향한 어른들의 부정적인 시선을 잘 알고 있었다. 그리고 그러한 어른들의 오해와 편견은 아이들의 가치관에 뿌리를 내렸다. 자신에 대한 친구들과 어른들의 평가가 아이의 자의식 형성에 영향을 미치는 것이다. 그러나 다행스럽게도 이는 반대의 결과도 의도할 수 있음을 의미한다. 긍정적인 기대와 평가를 많이 드러낼수록 긍정적인 변화를 유도할 수도 있는 것이다.

한창 악당 클럽 활동에 몰두해 있던 마이크와 롭이 젠 선생님에게 남자아이들은 나쁘고 여자아이들은 착하다고 주장을 할 때였다. 젠 선생님은 꼭 그렇지만은 아니며, 마이크와 롭을 향해 너희들 역시 매우 착하다고 칭찬하며, 실제로 아이들이 했던 착한 행동들을 조목조목 짚어 주었다. 그러자 그 일 이후로 마이크와 롭의 태도가 몰라보게 친절하고 상냥해졌다. 이처럼 어른의 긍정적인 기대는 남자아이들의 자부심으로 이어지고, 더 나은 모습을 보여 주고자 노력하게 만든다. 어른들의 부정적인 생각과 낮은 기대치가 남자아이들로 하여금 자신의 잠재력과 가능성을 저평가하게 만드는 것처럼 말이다.

아들의 성장을 좌우하는
두 개의 욕구

아들의 성장에는 아들이 가진 역량과 더불어 두 가지 강렬한 욕구가 작용한다. 그 두 욕구를 이해하면 아들의 성장(변화)에 대한 통찰력을 가질 수 있을 것이다.

남자아이들이 자라면서 주변 환경에 많은 영향을 받는 이유에는 '인정 욕구(사회적 요인)'가 자리한다. 또한 부모 혹은 친구들과 잘 지내고 싶은 '관계 욕구(관계 요인)' 역시 남자아이들의 행동에 영향을 준다. 즉 남자아이들의 성장에는 이 두 욕구가 작용한다. 아이들은 자신의 정체성을 확립하는 한편 다른 남자아이들과 친밀한 관계를 맺기를 바라고 그들에게 중요한 사람이 되고 싶어 한다. 여기서 다른 남자아이들이란 유아기에 접어들어 매일 함께 생활하게 되는 또래 친구들이다.

그렇다고 추상적인 기준이나 이상적인 남성성을 무작정 따르지는 않는다. 오히려 자신이 속해 있는 또래 집단 속에 퍼져 있는 행동 기준을 따르고자 한다.

사회적 요인과 관계 요인은 서로 비슷한 듯 다르다. 사회적 요인은 이 세상을 향해 자신을 증명하고 드러내는 데 집중한다. 자신의 남성성을 강조하고 여성성을 무시함으로써 바람직한 남자아이의 전형적인 모습을 보여 주고자 하는 욕구다. 다시 말해 사회적 요인은 성별에 따라 기대되는 태도와 행동을 강조한다.

관계 요인은 내부로 눈을 돌려 나에게 특별한 사람들에게 자신의 가치를 인정받고 존중받고 싶은 욕구에 집중한다. 다른 사람과 친밀한 관계를 지속하고자 하는 욕구이며, 일상 속에서 관계를 통해 느끼는 개인의 감정(상처, 분노, 질투, 슬픔 등)과 경험과 관련이 있다.

즉 사회적 요인은 남자아이들이 순응해야 하는 남성성에 대한 메시지에 어떻게 대응하고 의미를 만들어 갈 것인지와 같은 사회화와 관련된다. 반면에 관계 요인은 또래 아이들과 함께 어울리며 다른 사람과 어떻게 관계를 맺어가고 나를 인식할 것인지 그리고 어떻게 자신의 감정에 대해 배우고 발전시켜 가는지와 관련된다.

나의 연구는 이 관계의 요소로 인해 남자아이들이 일명 남자다운 행동이라고 하는 기준을 따르게 된다고 주장하고 있다. 심지어 아이들 개개인의 흥미와 관심에 반할지라도 말이다.

그런데 종종 내가 관찰한 남자아이들의 변화는 관계의 요소보다는 (외적 환경 등을 통해) 사회적 요소에 더 큰 영향을 받곤 했다. 왜냐하면 남자아이들은 성별과 관련된 사회화의 과정을 통해 행동하고 관계를 맺어 가는 법을 배워 나가는데, 이 경우 진정으로 서로를 알아 가고 받아들이는 기회가 줄어드는 대신 사회적 승인을 얻을 수 있는 확률 이 높아지기 때문이다.

롭 이야기 : 내가 하고 싶은 것과 해야만 하는 것 사이에서

_아들은 성장 과정에서 선택의 갈림길에 놓이게 된다

남자아이의 성장 과정을 이해하기 위해서는 아이 개인의 능력이나 아이를 둘러싼 환경, 어느 한쪽만 살펴서는 안 된다. 이것들이 어떤 식으로 아이의 가능성을 높여 주는지 혹은 제한하는지 살펴야 한다. 자신이 하고 싶은 것과 해야만 하는 것 사이에서 아이는 고민하게 된다. 그리고 그 결정은 아이의 성장 방향으로 이어진다.

내가 2년간 함께한 유아원 아이들은 사회적·경제적으로 부족함 없는 가정환경의 아이들이라고 할 수 있다. 이로 인해 누군가는 이 아이들이 성장과 발달에 보다 유리한 조건에 놓여 있는 거 아니냐고 말할 수도 있을 것이다. 그렇지만 사회 심리학자들이 오랫동안 강조해 온 것처럼 우리의 현재 모습과 행동은 사회적 상황뿐만 아니라 우리의 성향과 역량 그리고 욕구를 반영한다. 따라서 남자아이들의 성장 과정을 이해하기 위해서는 아이 개인의 능력이나 아이를 둘러싼 환경, 어느 한쪽만 살펴서는 안 된다. 이것들이 어떤 식으로 아이의 가능성을 높여 주는지 혹은 제한하는지 살펴야 한다.

롭의 사례는 아이를 둘러싼 환경이 아이의 성장(아이의 생각 방식, 대인관계 방식 등)에 어떠한 영향을 미치는지 여실히 보여 준다. 롭은 평소 자신의 생각을 적극적으로 어필하기보다 친구의 이야기에 먼저 귀 기울이는 친절하고 참을성 많은 아이였다. 규칙과 질서를 좋아해 다소 범생이(?)처럼 보여지기도 했다. 하지만 자기 확신이 강해, 자신이 보고 느끼고 생각한 것을 나누고자 하였을 때는 확실하고 정확하게 표현했다.

도서관에서 롭과 민형이와 면담을 나눌 때였다. 그날따라 민형이는 유독 산만했다. 도서관을 뛰어다니다가 내 뒤로 몰래 다가와 옷을 들추며 놀래기를 반복했다. 내가 놀라는 모습을 보며 즐거워하는 민형이를 보며 롭은 강하게 말려 주었다. 그렇지만 민형이는 이에 굴하지 않고 계속 내 옷을 들추며 장난을 쳤다. 곤란해하는 내 모습을 보자, 롭은 자기 옷을 대신 들추라고 했지만 민형이는 아랑곳하지 않고 이번에는 내 등을 타고 오르기 시작했다. 계속되는 민형이의 장난에 화가 나기도 했지만, 순간 생각을 바꾸어 아이의 장난을 기분 좋게 받아 주기로 했다. 그래서 태도를 바꾸어 롭에게 협조를 구하듯 "민형이가 안 보이네? 민형이는 어디 갔을까?" 하고 밝은 목소리로 외쳤다. 그러자 롭이 내 말뜻을 이해한 듯 장난 어린 말투로 이렇게 대답했다. "나도 잘 모르겠어요. 아마도 지구 반대편에 있는 게 아닐까요?"라고 말이다.

이때 롭이 보여 준 모습은 정말 놀라웠다. 곤란해하는 기색을 알아차리고 적극적으로 도와주려고 했을 뿐 아니라 내 말투의 숨은 의도까지 정확히 파악하여 대응해 주었기 때문이다. 처음에는 짜증을 내다가 갑작스럽게 태도를 바꾸었음에도 불구하고 말이다. 이처럼 사람의 감정을 진심으로 이해하고 그 숨은 뜻까지 헤아릴 수 있는 롭은 일상생활에서 흔히 접할 수 있는 미묘한 감정의 변화에도 별로 힘들이지 않고 자신을 맞출 수 있는 능력을 가진 아이였다.

어른스럽던 아이가 응석받이가 된 이유

롭은 또래 친구들뿐만 아니라 어른들과의 관계에서도 대단히 사려 깊고 솔직하게 행동했다. 그러나 점점 자신이 필요로 하고 또 원하는 것을 얻기 위해서는 보다 전략적으로 행동해야 한다는 사실을 깨달아 가기 시작했다. 변해 가는 상황에 따라 자신이 원하는 것을 얻기 위해서는 다른 사람과의 관계 방식을 바꿀 필요가 있었던 것이다.

가장 먼저 눈에 띈 건 엄마와의 관계였다. 어린 동생의 존재가 롭과 엄마의 관계를 변화시켰다. 1학기 때까지만 해도 롭은 엄마와의 관계에서 믿음과 확신을 가지고 있는 것처럼 보였다. 유아원에 도착하여 엄마와 헤어질 때도 어떤 갈등 없이 받아들였다. 그런데 2학기에 들어서면서부터 롭과 엄마의 관계가 달라지기 시작했다. 그 이유는 엄마와 보낼 수 있는 시간과 관심이 점점 줄어들었기 때문이었다. 롭의 엄마는 언제나 항상 아기를 안고 있었고, 어린 동생을 보살펴야 하는 탓에 롭에게만 관심을 쏟을 수 없었다. 또 롭을 바래다주러 와서도 롭의 형을 종종 챙기러 가야만 했다. 물론 이 사실에 대해서 롭 역시 이해하지 못하는 것은 아니었지만, 조금씩 자신에 대한 엄마의 애정과 관심에 의문을 품기 시작했다.

그때부터 롭은 엄마에게 어디 가지 말고 자기랑 놀아 달라고 떼를 썼다. 처음에는 "1분만!" 하고 외치던 롭은 점점 더 시간을 늘리려고 애를 썼고, 롭의 엄마는 아들에게 상처를 주지 않기 위해 "엄마가 볼일 끝나면 바로 다시 올게." 하는 식으로 협상을 해야만 했다. 하지만 언제나 서로가 만족스러운 해법을 찾을 수 있는 것은 아니었다.

두 사람이 함께할 수 있는 시간은 기본적으로 그날그날 롭의 기분과 엄마의 일정에 따라 크게 좌우되었다. 엄마의 일정은 예측하기 어렵지만 때로는 의논을 통해 조정 가능하다는 사실을 알게 된 롭은 엄마를 가능한 한 오래 붙들어 두기 위해 애를 썼다. 이때 롭은 걱정(엄마가 자신을 두고 빨리 갈지도 모른다는)과 희망(자신과 조금 더 오래 있을 수 있다는)의 감정을 동시에 느끼는 듯했다.

이날도 어김없이 롭은 엄마에게 얼마나 함께 있을 수 있느냐고 물었다. 롭의 엄마는 아직 더 있을 수 있다고 대답하면서도 떠날 채비를 하며 물었다. "엄마가 가기 전에 뭘 하고 놀까?" 그러자 롭은 어리광 부리는 목소리로 "나랑 같이 카우보이 그림을 그려요!"라고 대답했고, 롭의 엄마는 아기를 안은 채 카우보이 그림을 그려 주었다. 롭은 만족스러운 표정으로 엄마 옆에 앉아 "카우보이 손에 총이 있어야 해요.”라던가 혹은 “여기에 색을 칠해 주세요.”라는 식으로 자신이 원하는 그림을 구체적으로 알려 주었다. 그러는 와중에도 문득문득 롭은 엄마가 가야 한다는 사실을 떠올리고는 “가지 마세요~.”라고 칭얼거렸다. 롭의 엄마가 웃으며 “아직은 안 가.”라고 안심시키자 롭은 마음을 가라앉히고는 동생이 자기가 펼쳐놓은 장난감 설명서를 이리저리 넘겨보는 모습을 지켜보았다. 롭은 신이 나서 이렇게 소리를 질렀다. “와! 아기가 책을 읽어요!” 롭의 엄마도 “그래, 네 동생도 이제 저만큼 컸단다.”라며 고개를 끄덕였다. 롭은 자리에서 일어나 천으로 만든 장난감을 들고 와서는 동생에게 내밀었다. “이거 가지고 놀아.” 이 순간의 롭의 모습은 확신과 믿음으로 가득 찼던 예전과 같았다. 그렇지만 마침내 엄마와 헤어질 때가 되자 울면서 떼를 쓰기 시작했다. 젠 선생님이 엄마를 따라 교실 밖까지 쫓아 나간 롭을 한참 동안 달래고 나서야 엄마는 떠날 수 있었다.

롭이 엄마와의 관계에서 보여 준 헤어짐에 대한 불안감은 아빠와의 관계에서도 드러났다. 심지어 롭의 아빠는 엄마와 달리 아기를 안고 있지도 않았고 온전히 롭에게만 신경을 써주었지만 롭의 불안감은 가시지 않았다. 아빠와 헤어질 때 역시 롭은 격렬하게 반응했고, 이때 역시 젠 선생님이 롭을 달래며 관심을 다른 쪽으로 돌려야 했다.

친구들과 행동을 달리하는 것의 두려움

또래 친구들과의 사이에서도 롭은 변화를 맞이하고 있었다. 당시 남자아이들 사이에서는 악당 클럽이 많은 영향력을 미치고 있었는데, 서열과 경쟁을 강조하는 모임의 특성 탓에 남자아이들은 대부분 누군가 자신에게 명령하는 듯한 태도에 예민해져 있었다. 이로 인해 아이들은 자신의 의견이나 생각을 에둘러서 말하기 시작했고, 그 결과 처음에는 자신의 뜻과 의도를 직설적이고 분명하게 드러냈던 아이들조차 스스로를 보호하기 위해 교묘히 생각을 위장하기 시작했다.

상대적으로 성격이 유순한 롭도 초반에는 자신의 생각과 감정을 전달할 때 직설적인 면이 있었다. 그렇다고 지나치게 공격적인 태도를 취하는 건 아니었다. 예를 들어 같이 놀던 제이크가 갑자기 놀이를 중단하고 다른 친구들에게 갔을 때는 "그러면 나는 함께 놀 사람이 아무도 없어."라며 불편한 기분을 전달했다. 또 친구들이 플라스틱 물총의 뚜껑을 닫은 채 물놀이를 하려고 했을 때는 "뚜껑을 열어야 물이 나오지." 하며 아이들에게 상황을 알려 줌으로써 도움을 주고자 했다.

그렇지만 악당 클럽의 규칙들로 인해 롭은 점점 더 자신의 생각과 감정을 표현하기가 어려워졌다. 한번은 남자아이들이 모두 여성스러운 수업이라는 이유로 노래하고 춤추는 수업을 거부한 적이 있었다.

당시 롭은 여자아이들과 함께 수업에 참여하고 싶었지만, 다른 남자아이들과 행동을 달리했을 때 일어날 일들이 염려되는 눈치였다. 롭은 이런 상황에 대해 불만을 제기하고 싶었지만, 대장인 마이크의 말을 거역하고 집단을 따르지 않았을 때 벌어질 일들이 걱정되었다.

결국 충돌은 피하면서도 자신의 생각 역시 포기하고 싶지 않았던 롭은 점점 자신의 생각을 모호하면서도 전략적으로 드러내는 방식을 취하기 시작했다.

마이크와 함께 놀 때였다. 마이크가 자신이 마음에 들어 한 장난감을 고르자, 롭은 다툼은 피하면서도 장난감을 얻기 위해 "청색 왕자가 더 좋은 건데, 바꿔 줄까?" 하고 말했다. 마이크는 "아니, 난 내 흑기사가 더 좋아."라고 말하며 거절했다. 그러자 롭은 나를 향해 넌지시 "나는 마이크가 갖고 있는 흑기사를 갖고 싶어요. 그렇지만 뭐 상관없어요."라고 말했다. 롭의 의도를 알아챈 마이크가 "아니, 나는 계속 흑기사를 가지고 놀 거야."라고 방어적으로 반응하자 롭은 즉시 "나도 알아."라고 답하며 마이크를 안심시켰다.

이런 표현 방식은 비록 자기 보호적 성격이 강했지만, 이렇게 해서라도 롭은 자신의 생각을 계속 드러내고자 했다.

롭의 표현 방법은 시간이 지날수록 점점 더 교묘해져 갔다. 남자아이들은 주로 남성적인 모습을 드러내기 위해 거칠고 위압적인 태도를 취하곤 했는데, 이와 동시에 때때로 아기처럼 말하는 등 약하면서도 복종하는 듯한 태도를 취하기도 했다. 둘 중 자신에게 유리하다고 생각되는 방식을 선택해 사용하는 모습을 보였다. 롭은 주로 아기 같은 목소리를 사용해 원하는 바를 언곤 했다. 예를 들어 마이크와 민형이가 만화책을 보고 있자, 롭은 아기 같은 목소리를 내며 "나는 이 작은 남자가 쪼아. 아주 귀여워~." 하며 자연스럽게 말을 걸었다. 그러자 마이크와 민형이는 친근한 태도로 "어. 맞아." 하며 롭을 받아들여 줬다. 마이크와 민형이는 누군가 자기들 위에 군림하려는 것에는 예민하고 반항적이었지만, 이런 아기 같은 연약한 태도에는 너그러웠다. 따라서 롭의 이런 표현 방식은 갈등을 막거나 중재하는 데 매우 효과적이었다.

규칙과 정답에 집착하게 되다

내가 아이들을 만나러 갔을 때 롭과 제이크 그리고 마이크는 플레이모빌 장난감에 딸린 부속품들을 조립하고 있었다. 제이크가 조립을 잘못하고 있자 롭이 "이 의자를 뒤에 붙여야지."라고 알려 주었다. 그러나 제이크가 이를 고치려 하지 않자 "네가 틀렸어. 여기 상자 그림을 좀 봐봐."라고 강하게 지적했다. 그러면서 포장용 상자에 있는 완성된 그림을 보여 주며 뭐가 제대로인지 확인시켜 주는 것이었다.

평소에도 롭은 규칙과 질서를 좋아했다. 당연히 정해진 법칙을 따르려는 롭의 모습은 대단히 자연스러웠다. 그런데 시간이 지날수록 자유롭게 자신의 생각과 감정을 표현할 수 없게 되자, 이러한 규칙과 질서를 자신의 주장을 지지해 줄 증거(수단)로써 사용하는 듯 했다. 또 이를 통해서만 자신감을 얻는 모습을 보이기 시작했다.

정해진 답에 대한 롭의 집착은 점점 더 심해져 자신이 알고 있는 것을 다른 사람에게까지 강요하는 독선과 강박관념마저 보였다. 그 예로 제이크가 무언가를 만들고 있자 롭이 나타나 참견을 하기 시작했다. "제이크, 이건 여기에 있어야 해. 내가 전체 모습이 어떻게 되어야 하는지 보여 줄게." 하지만 제이크는 다른 생각이 있는 듯 "아니야, 그건 거기 있으면 안 되는 거야."라며 롭의 말을 듣지 않았다. 그러자 롭이 딱딱한 목소리로 대꾸했다. "이게 맞다니까. 나는 다 알고 있어." 마치 놀이 방법이 하나밖에 없다는 듯한 말투였다. 그리고 롭이 블록 부품들을 맞추고 있을 때 내가 그건 어쩌면 서로 맞지 않는 부품일지도 모른다고 알려 주자, 롭은 즉시 그런 가능성을 일축했다. 자신은 100퍼센트 옳은 설명서, 즉 상자에 있는 그림을 참고한 것이며 따라서 두 부품은 반드시 서로 들어맞아야 한다는 것이었다.

"그건 여기 있어야 해." "거기 있으면 안 되는 거야." 그리고 "나는 다 알고 있어."처럼 필요성이나 책임, 의무 등을 강조하는 롭의 말투는 또래 친구들로 하여금 정해져 있는 정답을 강요하고 그에 준한 자신의 말을 따라야 한다고 재촉하는 것 같았다.

이렇듯 정해진 정답이나 설명을 중시하는 태도는 때때로 롭에게 마이크를 대신하는 또 다른 권위를 안겨 주기도 했다. 더욱이 정답이란 어떤 특정한 사람이 만들어 낸 것이 아니기 때문에 다른 아이들을 무시하고 자기 의견만 내세운다는 오해를 사지 않고도 아이들의 지지를 받을 수 있었다. 그 결과 롭은 남자아이들에게 놀이를 어떻게 진행해야 하는지 설명할 수 있는 위치에 오르게 되었다. 그렇지만 그건 설명서가 있는 놀이에만 국한되었다. 다른 놀이를 할 때는 악당 클럽의 규칙과 조건을 따라야만 했고 남성성의 기준이 영향력을 발휘했다. 롭은 이처럼 자기만의 방법을 찾아내는 듯 싶었지만, 그 제한적인 효과에 만족하지 못했다.

사실 롭 역시 처음에는 악당 클럽에 참여하기를 원했다. 그러나 점점 집단의 기준을 따르는 일에 한계를 느끼기 시작했다. 답답하고 불리하다고 느끼는 듯했다. 자신의 생각과 상관없이 남자아이는 어떻게 행동해야 한다고 정해 놓은 규칙들을 받아들이기 힘들어했다. 결국 유아원 과정이 끝날 무렵이 되자 롭은 무리에서 벗어나 독립과 자율 그리고 자신감이라는 자기만의 남성성의 기준을 찾아 나섰다.

롭의 사례는 남자아이들이 성장 과정에서 자신의 역량을 결정할 때 어떠한 일들이 벌어지는지 알려 준다. 자신이 하고 싶은 것과(혹은 되고 싶은 모습) 해야만 하는 것(혹은 되어야 하는 모습) 사이에서 아이는 고민하게 된다. 그리고 그 결정은 아이의 성장 방향으로 이어진다.

롭의 사례에서 알 수 있듯이 남자로서 인정받고 싶은 사회적 욕구와 친구들과 잘 어울리며 그 안에서 자신의 정체성과 존재감을 드러내고 싶은 관계 욕구는 남자아이의 행동에 막대한 영향을 미친다. 특히 또래 문화는 압도적인 영향을 미친다. 물론 롭 역시도 다른 남자아이들과의 관계가 단절되는 일은 피하고 싶어 했다. 그리하여 어떻게 하면 지금의 관계를 유지하면서도 동시에 자신이 원하는 모습을 유지할 수 있는지 그 방법을 알아내고자 애를 썼다. 그 결과 롭은 이를 모두 양립시키는 일이 불가능하지만은 않다는 사실을 조금씩 배우고 받아들이게 되었다. 만약 롭이 악당 클럽이 정해 놓은 기준을 계속 받아들였다면 롭의 선택은 한 가지밖에 없었을 것이다.

6장

"선배 부모의 고민을 통해 들여다보는
부모의 역할"

아빠의 고민
VS
엄마의 고민

아빠가 지켜 주고 싶은
아들의 능력

남자아이는 성장하면서 여러 소중한 능력들을 잃어간다. 아빠들은 이를 지켜
줄 수 있다면 아이가 자신을 잃지 않고 행복하게 성장해 갈 수 있을 것이라고
기대했다.

    나는 아이들을 관찰하고 대화를 나누는 한편 길리건 교수와 함께
평일 저녁 그들의 부모님과도 만남을 가져왔다. 부모님들은 이러한
만남을 통해 자신의 양육을 점검하고 양육에 대한 새로운 통찰력을
얻기를 기대했다. 내가 만난 부모님들이 모든 엄마와 아빠를 대표한
다고는 볼 수 없지만, 그 분들과 함께 나눈 이야기들은 분명 다른 부
모님들에게도 익숙한 내용일 것이다. 그리고 아들에 대한 이해를 도
와주고, 아들을 키우며 부딪치게 될 어려움에 대해 지혜를 갖게 해줄
것이라 기대한다.

    아이들을 관찰하면서 나와 길리건 교수가 놀란 점 중 하나는 아빠
와의 관계가 매우 친밀하다는 점이었다. 그렇기에 더더욱 아빠들이

아들의 성장에 대해 어떻게 바라보고 있는지 알고 싶었다. 그리고 감사하게도 적극적으로 면담에 참여해 주었다.

우리가 가장 먼저 나눈 이야기는 바로 아들이 절대 잃어버리지 말았으면 하는 품성에 대한 것이었다. 아빠들은 아들의 '있는 그대로 느끼고 솔직하게 표현하는' 능력을 대단히 가치 있게 생각했다. 그리고 이는 흔히들 남자아이하면 떠올리는 난폭하거나 거친 모습과는 다르다고 설명했다. 그들이 말하는 능력은 풍부한 상상력과 밝고 쾌활한 성격으로, 이러한 품성이 아들을 매력적이고 사랑스럽게 만든다는 것이었다.

그 예로 마이크의 아빠는 한 가지 일화를 들려주었다.

"마이크가 무대로 올라가 마이크를 손에 들었습니다. 그리고 이렇게 말하기 시작했지요. '음, 잘 모르겠어요. 내가 지금 노래를 부를 건데요. 내가 지금, 그러니까 조금 흥분해서 노래를 잘 부를 수 있을지 모르겠어요.' 그러고 나서 잠시 키득거리더니 입을 다물더군요. 조금 창피해하는가 싶더니 몸을 똑바로 세우고 노래를 부르기 시작했어요. 춤까지 신나게 추었지요. 그거야말로 아이의 진짜 모습이 아닐까요? 장난기 가득한 표정으로 마음껏 즐기는 아이의 모습을 보면서 계속 이렇게만 자랄 수 있다면 행복한 사람이 될 수 있을 거라고 생각했어요."

마이크의 이러한 모습은 두 가지를 의미한다. 자신을 있는 그대로 표현할 수 있는 능력을 마이크가 갖고 있으며, 타인에 대한 신뢰감을 갖고 있다는 것을 말이다. 사람들이 자신을 향해 비웃지 않고 응원해 줄 것이라는 믿음 말이다.

마이크의 아빠는 아들이 이런 모습을 계속 유지할 수 있기를 바랐지만, 동시에 염려하는 모습도 보였다. 마이크의 어쩌면 지나치게 솔직하고 적극적인 모습에 대해 다른 사람들이 비판하거나 거부감을 느낀다면 이는 반대로 고스란히 약점을 드러내는 셈이 되기 때문이었다.

"마이크는 아주 외향적인 성격입니다. 본인 역시 그렇게 행동하고 싶어 하고요. 문제는 어디까지 아이의 행동을 허용해야 할지입니다. 마이크가 친구들 사이에서 많은 문제를 일으키고 있다고 들었어요. 친구를 때리거나 싸움을 일삼고 심지어 너무 반항적이라고도 하더군요. 그렇다면 아이에게 매번 그렇게 하면 안 된다고 지적하고, 뛰고 싶은 욕구를 참아야만 한다고 가르쳐야 할까요?

그리고 저는 언제나 이런 생각을 해봅니다. 우리 아이가 너무 지나치게 솔직한 게 아닐까 하고요. 지나치게 말이죠. 그렇다고 그런 성격을 억지로 고칠 수는 없잖아요. 그 경계선을 정하고 분명하게 알려 주는 일은 정말이지 참으로 어려운 문제입니다. 물론 아이를 멋대로 하도록 내버려 두는 일 역시도……. 힘이 넘치는 아이의 균형을 잡아 주는 일은 정말이지 너무 어렵더군요. 더군다나 제가 너무 지친 날에는 더더욱요. 다른 분들은 어떻게 하시나요? 강제로 아이를 고치고 싶지는 않으시겠죠? 아이는 기운이 넘치는데 저는 이미 지쳐 있고, 제가

4~6세 아들 성장보고서 —————

감당할 수 있는 범위를 벗어나는 건……. 정말 어려운 일이 아닐 수 없더군요."

아빠들이 자랑스러워하는 아들의 또 다른 품성은 '열정과 실행력'이었다. 아들은 신체적으로든 정신적으로든 감정적으로든 그 즉시 받아들이고 반응할 수 있다는 것이었다. 도전과 실패를 꺼리지 않는 아들의 의지, 그리고 부끄러워하거나 당황하지 않고 실수를 저지르는 모습을 신기하게 바라보았다. 아빠들은 아들이 어떤 것에도 구애받지 않고 일을 벌이며, 자신의 생각과 감정을 주저 없이 말하는 능력을 신기한 듯 바라보았고, 심지어 질투를 품었다.

제이크의 아빠는 제이크의 적극적이며 열정적인 호기심과 탐구심을 매우 자랑스럽게 생각한다고 말했다. 아들이 자라면서도 지금의 모습을 간직해 나가기를 바라면서도 유아원(학교)이라는 공간에서는 이것이 해가 될 수 있음을 염려했다.

"제이크는 무언가를 규정지어서 생각하는 아이가 아닙니다. 제이크는 보통 사람들이 생각하는 방식과는 전혀 다른 관점에서 사물을 바라봅니다. 다른 것들과 연결 지어 보기도 하지요. 물론 우리 부부는 아이가 그런 식으로 생각하고 행동할 수 있도록 권장하고 있어요. 이럴 때의 제이크의 모습은 활기가 넘쳐요. 하지만 유아원이나 학교처럼 단체 활동이 이루어지는 공간에서는 그러기가 쉽지 않지요. 무언가 머릿속에 들어오면 제이크는 엄청 집중해서 열심히 생각을 하기 시작해요. 모든 부분에서요. 그러니까 제이크에게 이 세상은 신기한 것들로 가득한 공간인 셈인 겁니다. 일일이 다 만져 보고 냄새를 맡으며 확인하고 또 이리저리 경험하고 싶어 하죠. 우리 어른들은 그렇게 하지 않잖아요? 그리고 제이크에게는 항상 무엇인가가 휘몰아치는 것 같아요. 갑자기 눈이 확 뜨이는 것 같다고 할까요? 오늘 오후 정원에 말똥을 져다 날랐어요. 제이크가 얼마나 좋아하던지. 생각해 보세요. 그냥 말똥이잖아요. 그런데 제이크는 장화를 신고는 말똥 위를 뛰어다니고 냄새를 맡고 손으로 막 주무르더군요. 저 같으면 그렇게 못할 거예요. 그렇지 않나요? 마치 이렇게 말하는 것 같았어요. '이건 그냥 말똥이 아니라 경험해 볼 가치가 있는 거예요. 한번 확인해 볼까요? 말똥은 뭐하고 닮았을까요?' 제이크와 있으면 이런 일이 늘 벌어집니다. 물론 이를 가만히 지켜보기란 쉬운 일이 아니에요. 아침이면 유아원 가기 전에 옷이란 옷은 다 입어 보고 얼굴에 셔츠를 뒤집어쓴 채 온 집 안을 돌아다녀요. 다 직접 경험해 보겠다는 거지요. 이때마다 정말로 고민에 빠져요. 이걸 그냥 내버려 둬야 할지, 어느 선에서 멈춰 줘야 할지 말이죠."

아빠들은 앞으로 아들이 새로운 경험과 마주하게 되더라도 지금과 같은 솔직하고 열린 마음의 열정을 유지하기가 어려워진다는 사실을 잘 알고 있었다. 자신들 또한 그랬던 것처럼 말이다. 그럼에도 불구하고 아빠들은 아들이 그러한 품성을 계속 간직할 수 있도록 도와주고

4~6세 아들 성장보고서

싶어 했다. 아들이 비록 자라면서 사회적인 기대와 기준에 순응해 갈 수밖에 없을지라도 여전히 모든 일에 '열정'을 가지고 '자기 목소리를 내는' 그런 사람이 되기를 바랐다. '바로 그 순간을 즐기며' 살기를 바랐다.

아들의 성장을 지켜보는
아빠의 고민

아빠들은 아들이 성장하면서 행동이나 가능성의 한계가 그어지고, 선택의 폭이 좁아지는 것을 막고 싶었다. 자신의 성장을 선택할 자유를 주고 싶어했다. 이를 위해 아빠들이 찾아 나선 해결책들을 소개한다.

아들은 모두 똑같은 목소리를 내야 하는 걸까?

아빠들은 아들이 앞으로 겪을 일들에 대해서 너무나 잘 알고 있었다. 마이크의 아빠는 이렇게 말하기도 했다.

"그건 마치 저에 대한 프로그램을 새로 까는 것 같은 기분이에요. 사람들과 가까워지기 위해서는 그렇게 해야만 하지요. 그러니까 제 자신을 새로 프로그래밍하는 겁니다. 어떻게 하면 다른 사람들이 말하는 착하고 좋은 남자아이가 될 수 있는지 끊임없이 스스로를 확인하고 평가해야만 하지요. 그러나 저는 제 아이들은 그러한 경험을 하지 않기를 바랍니다."

아빠들은 어린 시절 남자라는 이유로 쏟아진 규칙들을 받아들이는 과정에서 자신들이 느꼈던 '나약함, 무력감, 외로움, 상실감'을 기억하고 있었다. 그리고 자신의 아들은 그런 경험을 하지 않기를 바라고 있었다.

특별히 아빠들은 그 과정에서 아들이 자신의 감성적이고 부드러운 면을 감추게 된다는 사실을 잘 알고 있었다. 이에 롭의 아빠는 이렇게 설명했다.

"살아가다 보면 거칠고 강한 모습을 보여 줘야만 하는 상황이 있다고 생각해요. 물론 그런 상황 탓도 있지만, 우리는 모두 어떤 기대를 받으며 성장합니다. 남자라면 이런 걸 하면 안 되며 이렇게 행동해야 한다는 둥 같은 것들 말입니다. 외부로부터 그런 기준이나 기대를 강요받았을 때 우리는 응당 거기에 대응하게 됩니다. 다시 말해 적절하다고 느끼는 행동을 함으로써 기대에 부응하게 되는 것이지요."

자신의 생각과 상관없이 아들은 모든 남자들에게 지워지는 사회적 기대에 부응하기를 강요받는다는 것이었다. 또한 아들 역시 이에 대한 강박관념을 느끼고 있다고 말했다. 댄의 아빠는 따라서 아들은 기대를 충족시킬 수 없다는 것을 알게 되더라도, 허세를 부리거나 거짓말을 해서라도 할 수 있는 척을 하게 된다고 말했다.

아빠들은 길리건 교수와 함께 남자아이들의 감성적인 면이 장점인지 단점인지에 대해서도 함께 생각해 보았다. 또한 감성적인 성격이 평가 절하 당하는 상황과 마주하였을 때 이것이 아들에게 어떤 변화와 영향을 가져다줄지 궁금해했다. 특히 롭의 아빠는 최근 아들이 안전한 집을 벗어나 사회로 나아가는 것을 주저하는 듯하다며 고민을 털어놓았다. 사람들과 어울리는 것을 진심으로 좋아하고 편안하게 생각하는 것 같지만, 자신의 감정에 솔직한 성격 탓에 자신에게 요구되는 기대들을 힘들어하는 것 같다는 것이었다.

세상이 나에게 기대하고 있는 것과 내가 정말로 원하는 일 사이에서 타협점을 찾는 일이란 대부분의 아이들에게 어려운 일이다. 우리가 이야기를 나눌 당시 롭의 아빠는 악당 클럽에 대해서도, 그리고 그 모임이 남자아이들에게 어떤 영향을 미치고 있는지도 모르고 있었다. 그렇지만 롭의 아빠는 롭이 자신의 생각을 드러내는 일에 매우 조심스러워하고 있으며, 다른 사람들과 어떻게 어울려야 할지 고민하고 있다는 사실을 잘 알고 있었다. 이와 더불어 자신을 향한 기대와 그 기대를 충족시켜야 한다는 사실에 압박을 느끼고 있음을 걱정했다. 그런 예민함이 오히려 롭의 발달에 장애물이 될지도 몰랐기 때문이다.

이에 대해 길리건 교수는 남자아이들이 선택의 기로에서 느끼고 있는 갈등에 대해 지적했다. 다른 사람들이 기대하는 대로 행동해야 하는가 아니면 자신이 원하는 대로 행동해야 하는가. 그리고 그중 하나를 선택하여도 그 결과가 꼭 만족스러울 것이라는 보장이 없었다.

아빠들은 자신들이 무엇을 해줄 수 있을지 궁금해했다. 더욱이 아빠들은 아들이 사회적 기준에 따라 자신의 행동을 억제하고 숨겨야 한다는 사실을 너무나 잘 알고 있었다. 이는 다른 사람들에게 인정받는 문제를 떠나 스스로를 보호하는 문제에 해당했기 때문이다. 자신을 가감 없이 드러내는 행동이 "그건 적절하지 못한 행동이야." "그렇게 행동하지 말랬지!"처럼 비판의 대상이자 공격의 대상이 될 수도 있는 것이었다. 그로 인해 남자아이들은 조심스럽게 행동하는 법을 배우게 된다. 자신을 숨기는 한편 사회적으로 인정받을 수 있는 기준과 기대를 따름으로써 스스로를 보호하는 것이다.

아들의 감성은 정말 성장에 방해가 되는 걸까?

아빠들은 아들이 사회적·문화적 기준을 따르는 일에 대해서도 걱정했다. 이는 아이들의 경험과 표현하는 능력을 제한하는 것이기도 했기 때문이다. 자신의 정체성을 다양하게 실험해 보그 경험해 봄으로써 확립해 갈 수 있는 기회를 잃어가게 되고, 얼마 지나지 않아 사회적 기대와 기준에 짓눌리게 된다는 것이었다. 아이들은 아이들마다 서로 다른 방식으로 관계를 맺어 나가는 방법을 배워야 한다고 말했다.

마이크의 아빠 역시 아들이 남성적인 행동의 기준을 받아들이게 됨으로써 대인관계에서 선택의 여지가 줄어든다고 말했다. 아빠들은 또한 아들이 사회적 기대에 대해 점점 더 많이 알아갈수록, 그리고 다른 사람들의 기대를 충족시키지 못한다는 게 어떤 의미인지 알게 될수록 사회적 상호작용과 대인관계에 조심스러워질 수밖에 없다고 지적했다.

아빠들은 아들이 성장하면서 자신의 솔직한 모습을 숨기는 한편, 상황에 맞지 않거나 자신에게 약점이 될 수 있는 감정과 품성을 억제해 가는 법을 배우게 되는데, 참 얄궂고 불행한 일이라고 생각했다. 자신의 개성과 품성은 감춘 채 남들에게 좋은 인상을 심어 주기 위해서만 노력하는 것이 얼마나 안타까운 일인지 말이다. 사실 그렇게 숨기는 것들이야말로 아들만의 매력이기 때문이다.

남들에게 좋아 보이도록 행동하는 법을 배우면서 남자아이들은 스스로 자신의 행동을 검열하고 관리하기 시작하고, 점점 더 자기 색깔을 잃어 가게 된다. 아빠들은 다른 사람들의 기대를 따르게 된다는 것은 결과적으로 자신의 감정을 억제하고 행동에 주의하는 법을 배운다는 것이며, 아이들이 본래 지니고 있던 감정과 쾌활함을 잃게 될 위험이 있다고 이야기했다. 자신의 본모습을 마음껏 펼쳐 보기도 전에 정해진 역할을 다해 내는 데 함몰하게 된다는 것이었다. 대신 사회적 통찰력이 쌓이고 자신을 보호할 수는 있겠지만, 결국 아들은 자신을 보호하기 위해 결국 가장 중요한 것을 잃어 가는 것이었다. 그리고 이는 사람들과 진정한 관계를 맺는 데도 결코 도움이 되지 않는다.

물론 아빠들은 아들의 예민하고 풍부한 감성이 중요하다고 생각하며 그런 모습을 잃지 않기를 바라지만 동시에 그런 모습을 외부로 드러내는 순간 비웃음을 사거나 따돌림을 당할 위험이 있다는 사실도 잘 알고 있었다.

마이크 아빠의 이야기를 들어 보자. "남자아이들은 울면 안 된다고 교육을 받습니다. 자주 우는 아이는 유약하다는 말을 듣게 되지요. 그냥 마치 그렇게 하지 않으면 안 되는 원칙의 문제가 되어 버렸어요." 마이크의 아빠는 "우리 아들은 그렇게 되지 않았으면 좋겠는데요."라고 덧붙였지만 그 역시도 아들에게 '자신의 안전을 희생하지 않고' 그런 품성을 유지할 수 있도록 도움을 주는 게 과연 가능할지 궁금해했다.

아빠들이 찾은 해결책

남자아이들에게 유아기는 아주 중요한 시기다. 아빠들은 놀랍게도 이 시기를 보내는 아들에게 자신들이 어떻게 해줘야 할지 잘 알고 있었다. 자신들이 어떻게 반응해 주느냐가 많은 영향을 미칠 것이라고 여겼고, 특히 아들이 자신의 감정을 어떻게 처리해야 할지 결정하는 데 도움을 줄 수 있을 거라고 생각했다.

다음은 아빠들이 찾아낸 자신들만의 방법이다.

판단하지 않고 듣기

대단히 높은 집중력과 인내심을 요구하는 일이었을 테지만 아빠들은 아들을 위해 가능한 한 많은 시간을 함께 보내고자 했다. 이때 무엇보다 어렵고도 중요한 것은 '판단하지 않고 들어주는 것'이라고 입을 모았다.

예를 들어 제이크의 아빠는 이런 이야기를 들려주었다.

"제이크가 여자에 대해 이야기하려고 했을 때 저는 잔소리라도 하는 듯한 목소리로 '그러니까 제이크!'라며 끼어들려고 했습니다. 그렇지만 이내 속으로 생각했지요. '잠깐만 기다려. 제이크가 뭐라고 하는지 한번 들어 보자고. 그래서 여기에서 뭔가를 배울 수 있도록 시도해 보는 거야.'라고요. 그래서 제이크가 이야기를 하도록 내버려 두었고 무슨 말을 하든지 간에 제 마음대로 판단하지 않으려고 정말 굉장히 노력했습니다. 그리고 그건 정말 효과가 있었지요."

아빠들은 이처럼 아들의 행동에 대해 반응하기 전에 먼저 받아들이는 연습이 아들의 생각에 공감하고 이해하는 데 도움이 된다는 사실을 깨닫고 있었다. 또 이를 통해 아들의 개성과 성향을 억누르거나 압박함으로써 의욕을 꺾는 불상사를 피할 수도 있었다.

롭의 아빠도 아들의 행동에 대한 자신의 반응을 좀 더 의식하게 되었다고 이야기했다. 자신도 한때는 남자아이였지만 아빠라고 해서 항상 아들의 '과도한 흥분이나 활력'을 어떻게 다루어야 하는지 잘 알고 있는 것은 아니었다. 그렇지만 어떻게 하면 아들의 기분이 좋아지거나 나빠질지, 왜 그런지에 대해 신경을 기울이게 되면서 아들을 보다 잘 이해하고 받아들일 수 있게 되었다고 말했다.

감정의 롤모델이자 위안처가 되어 주기

아빠들은 무엇보다 자신이 해야만 하는 일과 자신이 하고 싶은 일을 하는 것 사이에서 균형을 잡아 주고 싶어 했다. 이를 통해 아들이 깊이 있는 인간관계를 만들어 나갈 수 있기를 바랐다. 신뢰를 바탕으로 다른 사람과 교류하며, 상대 역시 아이를 인정하고 받아들여 주는 그런 관계 말이다.

이를 위해 아빠들은 아들이 자신의 모습을 있는 그대로 받아들이고 확신을 가지는 한편 자신의 약한 감정을 감추지 않도록 도와줘야 한다고 생각했다. 그래야 도움이 필요할 때 주저하지 않고 손을 내밀 수 있을 테니까 말이다.

자기 자신의 경험을 바탕으로 제이크의 아빠는 이렇게 설명했다.

"어렸을 때 저는 뭔가 항상 불안했습니다. 그때 그냥 '아, 정말 기분이 안 좋아!'라고 말할 수 있었다면 좋았을 것을요. 저는 제 아들은 그렇게 말할 수 있도록 키우고 싶습니다. 감정적으로 단단해져서 어떤 기분이든 자유롭게 표현하고 필요한 경우에는 주저하지 않고 도움도 요청하고요. '나는 이렇게 하면 정말 기분이 불편해요. 그냥 그렇게 하고 싶지 않아요.'라는 식으로요. 저는 제 아들이 이렇게 말할 수 있게 된다면 정말 좋을 것 같습니다."

이를 위해 아빠들은 행동을 통해 모범을 보이고자 했다. 그렇지만 이것이 정말 아들에게 도움이 될지 확신하지 못하는 것 같았다. 아빠들이 이 문제로 의논을 나누자 길리건 교수가 아이들이 어른 남자의 슬픔과 분노를 목격하는 것이 괜찮을지 한번 생각해 보라고 제안했다. 길리건 교수는 강렬하고 복잡한 감정을 관리하기란 어려운 일이며, 이에 실패했을 때 부정적인 결과가 따를 수도 있다고 말했다. 그리고 아이들은 어른들의 모습에서 이러한 강렬한 감정을 어떻게 다뤄야 하는지 배우는 경우가 많다며, 아빠들이 모범이 되어 주는 것은 이러한 감정이 어떤 역할을 하는지, 그리고 과연 참아 낼 수 있는 것인지 등을 알려 줄 수 있다고 전했다.

제이크의 아빠는 모범적인 사례만이 아니라 실수한 사례도 아들에게 의미가 있을 것 같다고 말했다. 이와 함께 아들에게 '불행한 상황에서 벗어나는 법'을 보여 주고, '원치 않는 상황은 바꿔 나가면 된다'는 사고방식을 가르치는 것도 중요한 것 같다고 말했다. 그러면 어쩔 수 없이 받아들여야 한다는 생각을 버리게 될 테니까 말이다. 아들이 성장하면서 행동이나 가능성의 한계가 그어지고, 선택의 폭이 좁아지는 것을 막고 싶었던 것이다.

이 밖에도 아빠들은 아들에게 어떻게 커야 한다는 정답이 있는 것은 아니라는 점을 확실히 알려 줘야 한다고 입을 모았다. 아들이 지금 받고 있는 기대와 압박감은 사실 그저 삶의 작은 일부분에 불과할 뿐임을 깨닫게 해주자는 것이다. 그렇게 할 수 있다면, 아들이 자신이 가진 역량을 지켜 나가면서도 다른 사람들과도 잘 지낼 수 있지 않겠느냐며 말이다.

엄마, 딸과 다른
아들만의 애틋함

엄마와 아들의 관계는 딸과의 관계와 다르다. 엄마에게 아들은 우주에서 온 외계인 같은 존재이자, 한없이 사랑스러운 자식이자, 애인이자, 보디가드였다. 그만큼 아들을 키우는 엄마들의 마음은 특별했다.

길리건 교수와 나는 엄마들하고도 따로 만남을 가졌다. 엄마들과의 대화는 보다 편안하고 친근한 분위기에서 이루어졌다.

길리건 교수가 아들과 어떤 일이 있었는지 물어보자 엄마들은 아들을 이해하는 것부터가 힘든 도전이었다며 이야기를 시작했다. 예컨대 롭의 엄마는 이렇게 말했다.

"때때로 저는 롭에 대해서 이런 생각을 해요. '롭의 머릿속에는 도대체 무슨 생각이 들어 있는 걸까?' 말하는 것만 들어 보면 무슨 생각을 하는지 도통 알 수가 없거든요. 물론 저도 노력은 하죠. 이 아이가 도대체 무슨 말을 하고 있는 건지, 지금 뭐가 문제라는 건지 알아내려고요. 하지만 무리라는 사실을 곧 깨닫게 돼요. 아들에게서 뭐라도 알아내는 건 아주 힘든 일이에요."

　다른 엄마들 역시 이에 공감하며 때때로 일부러 그렇게 행동하는 것 같다고도 했다. 반면에 딸은 상대적으로 이해하기가 쉽다고 말했다. 마이크의 엄마가 이렇게 설명했다.

　"딸아이가 하나 있는데, 그 애의 속마음을 읽기는 그리 어렵지 않아요. 그냥 저절로 알게 된다고 할까요. 그렇지만 아들은 그게 잘 안 되더군요. 다른 분들도 그렇지 않을까요? 딸하고는 좀 더 친근한 느낌이 들어요. 서로 이야기도 잘 통하고요. 그렇지만 마이크가 하는 말은 두 번 세 번 생각해 봐야 해요. 뭐라는 건지 곱씹어 봐야만 하지요. 예를 들어 마이크는 화가 나면 이야기를 제대로 안 해요. 누나가 마이크에게 '지금 당장 내 방에서 나가!' 이러면 마이크는 아무 소리 없이 방에서 나가요. 그런데 그러고 나면 말썽을 피워 저를 성가시게 해요. 갑자기 퉁명스러운 목소리로 '만화 영화 보고 싶어!'라고 소리치죠. '평일 밤에는 만화 영화 보면 안 되는 거 알고 있잖니.'라고 엄하게 대처하면 또 심술궂은 태도로 '그렇지만 나는 보고 싶다고~!'라며 떼를 썼어요. 저는 쟤가 왜 이럴까 생각하다가 '아!' 하고 그때서야 비로소 아까 있었던 일이 떠올라요. 그래서 부드럽게 '마이크, 너 혹시 아까 누나 때문에 화가 났니? 누나 방에서 나가라고 해서?' 물으면 마이크는 '응. 누나가 그랬어.'라고 인정하지요. 저는 그제야 마이크의 행동을 이해하게 되는 거예요. 그렇지만 이미 저는 실랑이를 하느라 지쳐 있고……. 딸하고 대화하는 게 훨씬 더 쉬워요."

엄마들은 하나같이 입을 모아 아들 키우기의 어려움에 대해서 이야기하면서도, 때때로 아들이 주는 든든함이나 헌신을 언급할 때는 애정 가득한 표정을 지어 보였다. 제이크의 엄마는 아들이 자신을 지켜 줘야 하는 존재로 생각하는 것 같다고 말했다. "제이크는 종종 이렇게 말해요. '엄마, 나는 엄마를 지켜 주는 기사예요.'라고요. 집에 있을 때도 제 옆에 꼭 붙어서는 '엄마, 나는 엄마를 지켜 주는 기사니까 옆에 있을래요.'라고 말이지요." 민형이의 엄마도 비슷한 이야기를 들려주었다. "민형이는 제 일이라면 아주 흥분을 해요. 저한테 뭔가 위험한 일이라도 생길 것 같으면 무섭게 화를 낸답니다."

엄마들은 아들의 섬세함과 책임감에 깊은 인상을 받고 있는 것 같았다. 아들의 이러한 모습은 대단히 흐뭇하면서도 놀랍다고 했다. 아들은 엄마와 관련된 일이라면 하나하나 신경을 곤두세우고 무엇이든 알고 싶어 한다며 관련 일화들을 줄줄이 늘어놓았다.

"오늘 아침에 제이크가 그러더군요. '엄마, 오늘은 목소리가 즐거워 보여요. 그런데 또 뭔가 걱정거리가 있는 것 같아요.' 그래서 제가 말했지요. '음, 오늘 날씨가 너무 좋아서 기분이 좋기는 해. 그런데 네 말처럼 아주 바쁜 하루가 될 것 같아서 지금 좀 걱정이란다.' 그랬더니 제이크가 또 이러는 거예요. '그랬구나, 엄마 좋은 하루 되세요!' 누구도 이렇게 세심하게 저를 신경 써주지 않아요. 하지만 제이크는 '엄마, 오늘은 왜 그렇게 나한테 화난 목소리로 이야기해요?'라는 식으로 끊임없이 저를 살피고 제 마음을 헤아리려고 애를 쓰죠."

마이크의 엄마도 고개를 끄덕였다. "맞아요. 제가 긴장했거나 마음이 심란해서 정신이 없는 날이면 마이크는 이렇게 말해요. '엄마, 왜 목소리가 화가 났어?' 아니면 '엄마, 피곤해?'라고요."

또 엄마들은 딸과는 다른 아들의 특별함을 강조했다. 그 점에 대해 마이크의 엄마는 이렇게 설명했다. "아들에 대한 사랑은 매우 강렬해요. 그건 딸에게 느끼는 사랑과는 조금 다른 것 같아요. 엄마와 아들의 관계는 뭐랄까. 아들에 대한 집착이랄까. 어쨌든 딸하고는 달라요. 매우 달라요."

또 민형이의 엄마도 민형이가 '필요한 순간'마다 곁에 있어 주는 능력에 대해 이야기했다. 덕분에 둘만의 특별한 시간과 공간이 만들어지곤 한다는 것이었다.

"저는 지금 이 시간들이 정말 감사해요. 민형이는 지금 제가 원하는 가장 이상적인 모습이거든요. 민형이가 저를 위해 그렇게 해주는 것 같아요. 그건 보통 자식에게서 느낄 수 있는 애정하고는 좀 다른 느낌이죠. 저도 최대한 민형이가 필요로 할 때 곁에 있어 주려고 해요. 민형이가 원하는 순간에 원하는 모습으로 말이죠. 그 모습이 어떤 것이든 그건 민형이가 제게서 만들어 내는 거라고 생각해요. 그 어느 시기보다 지금, 저는 민형이에 대해서 많은 걸 느끼고 있어요. 감정이 강렬해지는 기분이에요."

아들의 성장을 지켜보는 엄마의 고민

아들의 성장을 바라보는 엄마의 고민은 아빠와 비슷한듯 다르다. 엄마들은 아들의 변화를 지켜보며 아들이 세상 밖으로 힘차게 나아가는 데 필요한 피난처가 되어 주고자 한다. 하지만 마음 한켠에서는 품에서 벗어나려는 아들을 붙잡고 싶어 한다.

처음으로 자신의 나약함과 마주하다

아빠들이 성별에 따른 기준과 기대로 인해 변해 갈 것을 염려했던 것처럼 엄마들 역시 아들이 변화의 길목에 있으며 그로 인해 자신들의 관계도 달라질 것이라는 것을 알고 있었다.

그 예로 엄마들은 아들이 처음으로 유아원에 들어갔을 때 생긴 변화에 대해 설명해 주었다. 아들은 새로운 세상에서 남자아이답게 행동해야 한다는 압박과 낯선 친구들 사이에서 혼란스러워하며 자신의 나약함과 마주한다는 것이었다. 마이크의 엄마는 아들이 거칠고 위압적인 행동을 취하게 된 배경에 대해 이렇게 설명해 주었다.

"다들 아시겠지만 마이크는 아이들 사이에서 대장 소리를 듣고 있지요. 그런데 정작 본인은 유아원을 무서워하고 큰 아이들도 굉장히 두려워해요. 그런데 우연히 반에서 가장 나이 많고 덩치 큰 아이가 된 거예요. 여기 오기 전 다른 유아원에서는 가장 나이가 어렸거든요. 항상 아기 취급을 받았는데 갑자기 '와, 이렇게 나에게 엄청난 힘이 생기다니!' 뭐 이렇게 된 것 같아요. 그리고 거기에 적응하는 데에도 몇 개월이 걸렸어요. 제 생각에 이제는 좀 안정이 된 것 같아요. 그래도 여전히 불안감을 느끼고 있지요."

남자아이의 총에 대한 관심이 화제에 오르자 마이크의 엄마는 아마도 변화하고 확장되어 가는 세상에서 자신을 지키고자 하는 마음과 관련이 있지 않겠느냐는 의견을 내놓았다.

"마이크는 총을 갖고 싶어 했어요. 그래야 아무도 자기를 해칠 수 없다고 하면서요. 그러다가 이제는 자기가 우주인이러요. 그래서 자기는 우주도 지배할 수 있고 외계인도 자기한테는 꼼짝 못 한다나요. 마이크의 이런 행동은 어떤 책임감과도 관련이 있는 것 같았어요."

엄마들 역시 악당 클럽에 대해서는 아무런 언급도 하지 않았다. 아이들이 비밀을 잘 지키고 있는 모양이었다. 이 모임을 마이크가 주도한 이유와 그 안에서 보여진 마이크의 태도는 엄마의 설명과도 어느 정도 맞아떨어졌다. 마이크가 위압적이고 거친 태도를 보였던 건 사실 자신이 나약하다고 느끼고 있었기 때문이며, 악당 클럽은 그런 자신을 배신과 따돌림으로부터 보호해 주는 장치였던 것다.

아들에겐 너무 버거운 또래 문화의 규칙

　남자아이들은 자신이 속한 또래 문화를 받아들이는 과정에서 많은 혼란을 겪는다. 제이크의 엄마는 아들이 친구들과의 관계를 혼란스러워하며 고민하고 있다는 것을 알게 되었다고 했다. 뭔가 지금까지와는 다른 복잡하고 말할 수 없는 상황에 놓인 것 같다는 것이었다.

　"매우 놀랐던 일 중 하나가 올해 들어 아들이 마치 무슨 새로운 부족의 일원이 된 것 같았다는 거예요. 규칙도 굉장히 많고, 아주 조심스러운 친구도 생긴 것 같았어요. 제이크는 집에만 오면 자기가 무슨 규칙을 깨트렸다며 걱정이 이만저만이 아니었어요. 바로 작년만 해도 집에서 저랑 지냈기에 그런 걱정을 할 필요가 전혀 없었죠. 처음에는 좀 흥미롭기도 했어요. 아이들끼리 놀고 있는 걸 보면 마치 사랑스러운 강아지들이 모여 있는 것처럼 느껴졌는데, 제이크에게는 모든 게 규칙이고, 아주 힘든 사회적 관계였나 봐요. '내가 뭘 잘못했나요?' '왜 이건 이렇게 어려워요?' '이게 내 잘못인가요?' '내가 무슨 짓을 했나요?' '여기 규칙은 뭔가요?' 등등……. 이런 질문들이 끊임없이 쏟아졌죠. 그리고 최근에 제이크가 이런 말을 했어요. '아, 그건 나도 어쩔 수 없는 일이었어요. 걔가 기분이 나쁜 모양인데 그건 내 잘못이 아니니까요.' 이렇게 말하며 일이 흘러가는 대로 내버려 두더군요. 자기가 꼭 해결책을 찾아야 한다는 생각을 버린 것 같았어요. '사람에 따라서 기분이 나쁠 수도 있지.'라던가 아니면 '난 잘 모르겠어. 너희들은 그냥 너희들 마음대로 해. 나는 다른 일을 할 거니까.' 뭐 꼭 이런 식으로 생각하는 것처럼 보였어요."

제이크의 엄마가 설명한 '새로운 부족'과 '아주 힘든 사회적 관계'는 분명 악당 클럽과 관련된 이야기가 분명했다. 그리고 제이크의 엄마는 다른 곳에서도 이와 비슷한 일들이 있었다고 말했다.

"유아원에서만이 아니라 이웃 아이들과 어울릴 때도 비슷한 일을 겪었어요. 이웃 아이들과 노는 제이크는 자신감이 넘쳐 보였어요. 우리 집 맞은편에는 내성적이면서도 반항심이 강한 남자아이가 한 명 살고 있는데, 지난 1년 동안 제이크가 그 아이와 노는 모습은 무척 흥미로웠어요. 처음에는 이런 식이었지요. '어떤 규칙을 따르면 될까? 다른 아이들이 모두 피터에게 나쁘게 대하니까 나도 피터에게 그래야 할까?' 그런데 이제 제이크는 이렇게 말해요. '야, 피터에게 나쁘게 굴면 나도 너랑 안 놀아.'라고요. 제이크가 '애들이 모여 있다고 다 규칙이 있는 건 아니에요.'라고 말하는 걸 들었을 때는 정말 놀라웠어요. 제가 볼 때 아이가 성장한 것 같았어요."

제이크는 유아원과 동네 친구들 사이에 존재하는 관계의 규칙을 이해하는 데 어려움을 겪었지만, 제이크의 부모는 집단을 따라야만 하는 압박과 마주했을 때 그냥 무작정 따르기보다 선택을 할 수 있도록 도와주었다. 덕분에 제이크는 자신이 원할 때면 그런 압력에 저항하는 방법을 익힐 수 있었다.

아들은 저항하는 법을 배울 필요가 있다

민형이의 엄마가 부족의 규칙에 대해서, 그리고 그 규칙을 항상 따르지 않아도 된다는 사실을 제이크가 잘 이해하였는지에 대해 물어보자 제이크의 엄마는 이렇게 대답했다.

"네, 제이크는 선택의 자유가 있다는 사실을 알고 있어요. 그래서 저항을 할 수 있다는 것도요. 사실 그 문제에 대해 정말 많이 고민했어요. 우리 부부는 그 문제에 대해서도, 우리 아들을 괴롭히는 문제가 무엇인지 그리고 그 문제를 해결할 수 있는 방법에 대해서도 많은 이야기를 나눴어요. 제가 개인주의 성향이 강한 탓도 있지만, 저는 아이에게 '네가 싫다면 그렇게 하지 마라!'고 이야기했어요. 제이크의 아빠는 무슨 이야기를 해줬는지 모르겠지만요. 제이크는 집에 오면 항상 그날 있었던 일들에 대해 이런저런 이야기를 들려주는데, 한번은 이런 말을 하기도 했어요. '그 친구가 왜 나를 괴롭혔을까요?' 아니면 '음, 어쩌면 나하고는 상관없는 다른 일 때문에 애들이 화가 났나 봐요.' 부모로서는 흘려들을 수 없는 얘기죠. 물론 요즘은 예전처럼 많은 이야기를 해주지 않지만요."

제이크의 부모는 아들에게 또래 아이들을 따르기보다 자신의 본능(마음)을 따르라고 가르치고, 응원해 주었다. 그렇지만 마이크의 위압적인 행동은 그 무리에 계속 남고 싶어 하는 제이크를 위협했고, 그로 인해 제이크는 집단의 규칙에 무척 예민해졌다. 제이크로서는 자기가 하고 싶은 대로 행동하기가 그리 쉽지도 또 현실적이지도 못한 듯 보였다. 그도 그럴 것이 제이크는 따돌림을 받지 않기 위해 여자아이들과 노는 것을 피하고 있었다. 순응을 강조하고 일탈을 응징하는 또래 무리 안에서 제이크는 다른 길을 찾아야만 했다. 예를 들어 제이크는 여자아이들과의 우정을 감추고 자신의 행동을 집단의 기준에 맞추는 한편, 남자아이와 여자아이는 친구가 될 수 있다는 자신의 신념을 버리지 않는 식이었다. 그리고 비밀리에 여자아이들과도 계속 어울렸다. 이런 점에서 제이크는 남성성에 대한 문화적 기준을 받아들이면서도 충분히 저항할 수 있는 아이였다.

제이크의 엄마가 하는 이야기를 듣고 있던 댄의 엄마는 댄 역시 똑같은 어려움을 겪고 있다고 말했다. 그렇지만 댄은 제이크와 달리 이를 극복하거나 개선할 수 있는 방법을 찾지 못했고, 갖은 노력에도 불구하고 상황은 점점 나빠져만 갔다고 했다.

"댄은 아무도 자기와 놀아 주지 않아 너무 외롭고 무섭다고 말해요. 그리고 만일 누군가 자기와 놀아 준다면 그게 더 놀라운 일이라고 하더군요. 그런데 이제 그런 이야기를 믿지 못하겠어요. 이 작은 아이는 누구와도 즐겁게 이야기를 나눌 수 있는 힘이 있고 못하는 놀이가 없거든요. 제 생각에 댄은 아주 유약하고, 스스로도 그렇게 믿고 있는 듯했어요. 어떤 면에서 아이들이 공격하기 쉬운 대상이지요. 그렇지만 제 눈에는 댄이 그렇게까지 애처로운 상황에 놓였다고는 생각하지 않아요. 댄이 저에게 해준 이야기를 곱씹어 보면 그 안에 어떤 진실이 숨어 있는 것 같아요. 저는 정말 잘 모르겠어요. 댄은 저에게 정말 수수께끼 같은 아이거든요. 그동안 댄의 많은 변화를 보아 왔지만, 친구들과 어울리는 문제에 대해서는 도통 모르겠어요. 댄은 아침마다 옷도 갈아입지 않으려 하고 울며 보채요. 유아원에 가지 않고 저하고 있고 싶다고 말이에요. 어느 정도 시간이 지나면 아무리 어린아이일지라도 단련이 되고 이런 모습이 사라지지 않나요? 댄이 많은 상처를 안고 있다는 것만이 제가 알고 있는 전부예요."

이 이야기를 들은 제이크의 엄마는 자신도 비슷한 경험을 했다고 말했다.

"제이크도 그런 시기가 있었어요. '쉬는 시간에 아무도 나랑 안 놀아 줘요. 쉬는 시간이면 나는 혼자예요.' 유아원에 가기가 얼마나 싫었는지 밤이면 배가 아파 잠을 이루지 못할 정도였어요. 그래서 선생님들과 몇 차례 이야기도 나누어 보았어요. 그렇지만 선생님들은 그 문제에 대해서는 자신들이 할 수 있는 일이 없다고 하더군요."

제이크의 엄마는 아들의 등원 거부 이유가 '규칙'과 연관이 있을 거라고 생각했다. 유아원의 규칙이 아닌 바로 또래 남자아이들이 만들어 낸 규칙 말이다. "나는 유아원에 가고 싶지 않아요."란 곧 "내가 잘 모르는 규칙이 강요되는 곳에 계속 있고 싶지 않아요."란 뜻이라는 것이다. 길리건 교수가 "그 규칙이란 무엇인가요?"라고 질문하자 제이크의 엄마는 이렇게 설명했다.

"'복도에서는 뛰면 안 된다.' 라던가 아니면 '항상 우측으로 걸어라.'와 같은 진짜 규칙은 아니에요. 오히려 '너는 왜 그렇게 말하니? 너는 왜 그렇게 하니? 너랑 같이 그렇게 한 사람이 누구니?'와 같은 게 아닐까요. 지금 이야기하는 규칙이란 남자아이들이 반드시 따라야 하는 거예요. 아이들에게는 선택의 여지가 없지요. 예컨대 같이 춤을 추자는 제안을 받았는데 음악이 뭔지, 어떤 종류의 춤인지도 모르는 상황인 거죠. 그런데도 그냥 그 안으로 휩쓸려 가는 거예요. 그렇다고 다른 사람들의 춤을 망치고 싶지도 않고, 잘못된 춤을 추고 싶지도 않아요. 딱 그런 상황인 거죠."

길리건 교수는 남자들은 누구나 '잘못된 행동을 하거나 혹은 제대로 해내지 못하는 것'에 대한 두려움을 갖고 있으며, 그 시작은 유아원에서의 경험일 수 있다고 말했다. 제이크의 엄마도 여기에 동의했다.

"그래요. 유아원에 다니기 시작하면서 제이크는 그와 비슷한 압박을 아주 많이 받는 듯했어요. '우리는 여자아이들을 싫어해요, 우리는 모두 총을 만들 거예요.' 혹은 '우리는 모두 이 일을 할 거예요.'와 같은 말들을 무슨 구호처럼 반복하곤 했지요. 아침에 아이를 유아원에 데려다준 뒤 잠시 지켜보고 있으면 '아, 제이크가 이래서 그런 말을 했던 것이구나.' 하고 알게 될 때가 많았어요."

제이크의 엄마는 이런 집단의 압박에 대해 남자아이들은 모두 저항감을 갖고 있으며, 시간이 지날수록 꼭 이를 지켜야만 한다는 생각이 옅어지는 것 같다고 말했다.

"초반에만 해도 남자아이들은 꼭 자기들끼리 모여 다함께 놀려고 했어요. 그런데 이제는 서로 모여서도 각자 다른 놀이를 하거나 혹은 아예 혼자 노는 아이도 있더군요."

제이크의 엄마 이야기를 듣고 있던 롭의 엄마는 "어른들 눈에는 그저 우습게만 보이는 일들이 아이들에게는 얼마나 어렵고 힘든 일인지 알게 돼요."라고 말했다.

엄마의 두 가지 마음

남자아이들이 또래 문화에서 마주하게 되는 규칙은 새로운 즐거움이 되기도 하지만 두려움을 선사하기도 한다. 그렇기에 남자아이들은 세상에 나아가고 싶은 마음과 달리 두려움에 조심스러워하게 된다. 제이크의 엄마는 이렇게 말했다.

"다들 잘 아시겠지만 '나는 뭔가 흥분되는 일을 하고 싶어요.'와 '나를 말려 주세요, 나를 말려 주세요!' 는 사실 거의 같은 말이잖아요? '엄마, 만일 내가 엉뚱한 일을 하면 그때는 나를 말려 주세요.'라는 말과 같은 것이에요."

남자아이들은 새로운 세상을 향해 나아가고 싶어 하지만, 동시에 엄마와 떨어지기 싫어한다. 안전하고 편안한 엄마의 품 안에 있고 싶어 한다. 실제로도 엄마들은 아들이 자신과 있을 때 가장 행복해한다고 입을 모았다. 이건 너무나도 자연스러운 욕구라고 할 수 있다. 자신 앞에 놓인 새로운 세상을 탐험하고 싶은 욕구와 익숙하고 안전한 피난처에 머무르고 싶은 욕구. 그리고 아이들은 그 피난처에서 자신의 길을 가로막는 도전과 위협으로부터 몸을 피하기도 하며 어려움과 마주할 수 있는 힘을 기르게 된다.

엄마들이 아들에게 바라는 소망 역시 이와 유사하다. 엄마들은 아들이 남자의 세계에 들어가 성공하기를 바란다. (물론 이를 위해 아들의 성장 과정에서 일어날 아들의 변화를 걱정하지 않는 건 아니었다.) 또 아들이 항상 곁에 있어 주기를 바란다. 물론 엄마들은 이 두 가지 바람을 모두 충족하기란 어렵다는 것을 알고 있다. 아들이 남자의 세계로 들어간다는 건 궁극적으로 엄마로부터 멀어지는 걸 의미하기 때문이다.

이곳에 모인 엄마들도 마찬가지였다. 마이크의 엄마가 말했다.

"저는 마이크와 보내는 시간들을 아주 소중하게 생각해요. 그리고 마이크가 어느 순간이 되면 제게서 멀어지려 할 것이라는 것도 알고 있어요. 제 남동생이 그랬거든요. 엄마는 제 남동생을 지극정성으로 아꼈는데, 열 살, 열한 살, 열두 살…… 이 무렵부터 동생은 조금씩 엄마를 밀어내더군요."

제이크의 엄마도 고개를 끄덕이며 말했다.

"남자아이들은 결국 독립을 하게 되나 봐요. 그렇게 세상에 나가 자신이 원하는 일을 하게 되겠지요. 그 시작이 바로 엄마를 멀리 밀어내는 일인 거예요."

이렇게 엄마들은 앞으로 다가올 이별을 준비하고 있었다. 그럼에도 불구하고 한편, 어떻게 하면 아들과 보다 오래 함께 있을 수 있을지 알고 싶어 했다.

아이와 함께할 수 있는 시간이 줄어드는 것을 두려워하며 롭의 엄마는 자신의 바람에 대해 이렇게 설명했다. 아들이 지금의 감성적이고 따뜻한 모습을 그대로 간직한 채 자기 옆에 머물러 주었으면 좋겠다는 것이었다. 한 손에는 토끼 인형을 그리고 다른 한 손에는 블록으로 만든 장난감 총을 든 롭의 모습을 떠올리며, 롭의 엄마는 이렇게 말했다.

"그 모습이 그냥 머릿속에서 떠나지 않아요. 아들이 토끼 인형을 들고 있는 것처럼 저 역시 그렇게 아들을 가까이 두고 싶거든요. 자라면서 아들이 제게서 멀어진다는 것 자체가 공포스러워요. 지금은 그런 일이 일어날 것이라는 사실조차 믿고 싶지 않지만, 괜찮아지겠지요? 언젠가는 겪어야 할 아들과의 이별과 거리 두기에 잘 대처할 수 있겠지요?"

마지막으로 엄마들은 아들이 가진 열정과 흥분에 대해 언급했다. 이는 종종 문제 행동으로 이어지곤 하지만, 엄마들은 아들의 이런 모습을 소중히 생각하며 어떻게 이를 간직해 나갈 수 있을지 궁금해하기도 했다. 롭의 엄마는 이렇게 말했다. "남자아이들은 '남자다운 모습'에 어떤 자긍심을 갖고 있는 것 같아요. 큰 소리로 요란하게 떠들고 지치도록 뛰어놀면서 '난 남자아이야!' 하고 자부심을 느끼는 거지요. 엄마인 저 역시 아들의 그런 모습에 매력을 느끼고요."

　우리가 만나 본 아빠들과 엄마들은 우리에게 익숙한 이야기를 들려주었다. 아들이 남자의 세계로 들어가는 과정 속에서 아들은 자신의 본모습(본래 능력)을 잃어가고 이는 아들의 사회성 발달을 방해할 수 있다는 것이다.

　부모들은 아들들이 자신의 품성을 억누르는 일 없이 사회적으로 유능하면서도 또 성공한 인생을 살 수 있기를 바랐다 이를 위해 자신들이 해줄 수 있는 최고의 도움들을 끊임없이 고민하였다. 무엇보다 아들이 자라면서 좀 더 자신의 본능을 믿기를 바랐다. 세상의 압력과 마주하게 되었을 때 이에 휘둘리기보다 자신을 믿고 판단해 나가기를 바라는 것이었다. 스스로 생각하고 행동하며, 자신에게 쏟아지는 과도한 규칙이나 기대에 저항할 수 있기를 말이다.

결론

"왜 21세기 아들을 옛날 사고방식으로 키우려고 하는 걸까?"

위기의 아들? 진짜 위기일까?

2년간의 밀착 관찰을 통해 아들의 중요한 성장 및 변화의 순간을 가까이에서 살펴볼 수 있었다. 4~6세 남자아이들에게서 발견한 놀라운 사실은 이 시기야말로 남자아이들이 성장의 한가운데 서 있는 시기라는 것이었다. 따라서 이 시기에 일어나는 변화 과정을 살펴보는 것은 앞으로 일어날 사건들을 이해하는 배경이 되며, 성장 발달 문제와도 관련이 있다. 무엇보다 이에 주목해야 하는 이유는 부모가 적극적으로 개입할 수 있는 가장 적절한 시기이기 때문이다.

유아원 생활을 시작하며 아이들은 태어나 처음으로 사회적 기대와 압박과 마주하게 된다. 그 기대를 충족하기 위해 아이들은 자신이 갖고 있던 본래의 능력을 감추게 되고 점차 고유의 품성이 드러나지 않게 된다. 이 과정을 살피는 것은 수많은 전문가들이 이른바 '위기의 남자아이들(야무진 여자아이에 비해 산만하며 뒤처지는 남자아이를 칭하는 표현)'이라고 표현하는 문제에 합리적인 대응책을 찾을 수 있을 것이라고 생각한다. 이런 위기는 특히 유아기에서 초등학생으로 넘어가는 시기에 발견되며, 행동이나 학습 분야에서 가장 크게 문제가 부각된다.

아들을 냉철하고 공격적으로 만든 것은 우리다

남자아이들의 대인관계 능력을 알아보는 과정에서 내가 찾아낸 사실은 남자아이들은 정서적으로 메말라 있으며 비사회적이라는 것은 사회적 편견이라는 점이다. 내가 만난 남자아이들은 감성이 풍부했고 관계 속에 숨어 있는 뜻도 예민하게 알아차리고 반응했다. 남자아이들에 대한 담화나 문헌들은 대부분 이러한 남자아이들의 능력을 제대로 설명해 주지 못하고 있다. 주로 여자아이들과 비교하여 무엇이 부족한지, 어떤 문제가 있는지에 대해서만 이야기할 뿐이다. 왜 남자아이의 능력에 대해 제대로 알려 주는 것은 없었던 걸까? 먼저 우리는 애초 남자아이에게서 그러한 능력을 기대하지 않았고, 따라서 그런 문제들을 살펴보려 하지 않았다. 또 남자아이들이 자랄수록 그 능력들이 확실하게 드러나는 것도 아니다. 더욱이 남자아이들은 그와 관련된 자신의 능력과 욕구를 감추는 법을 배우게 된다. 이것이 남성성을 약화시키며 자신들을 곤란하게 만든다고 생각하기 때문이다. 그 결과 우리는 남자아이의 그러한 능력을 간과하거나 평가 절하 하여 대수롭지 않은 것으로 치부해 버리게 되었다.

여성, 여성성에 대한 이념과 편견은 지난 50여 년간 꾸준히 개선되어 지금은 전통적으로 남자들이 지배해 온 직업이나 분야에서 활동하는 여자들을 흔히 볼 수 있게 되었다. 남자의 영역이라고 여겨졌던 행동이나 성품들 역시 자유롭게 드러낼 수 있게 되었고 심지어 존중까지 받게 되었다. 최근 몇 십 년 동안 이렇듯 우리는 여자의 능력에 대한 고정관념을 깨트려 여자의 활동 범주를 넓혀 주었다.

반면에 이러한 변화에도 불구하고 남자들은 여전히 여자다운 행동이나 성품을 드러낼 경우 그 지위나 평판에 문제가 생길 위험이 크다. 여전히 남자아이들은 기존의 고정관념에서 벗어나지 못하고 있다. 심지어 그 남성성에 대한 기준이란 이제는 시대에 뒤떨어진 고리타분한 것들이며, 남자아이의 행복한 성장마저 방해하고 있다.

우리가 남자아이에 대해 당연하게 여기는 것들은 사실 아이들의 진짜 본성이 아니라, 사회적으로 주입된 편견일 뿐이다. 사회는 남자아이에게 감정적으로 냉철하고 공격적이며 경쟁적인 사람이 될 것을 강요한다. 이 사회에서 '진짜 남자'로서 대접 받고 살아가려면 말이다. 남자아이가 갖고 태어나는 대인관계 능력(욕구)과 감성은 건강하고 행복한 삶을 위해 꼭 필요한 조건이지만 남자의 세계에서는 어울리지 않는다.

그리고 이 책에서 만난 남자아이들을 통해 아이들이 성장의 대가로 무엇을 잃어가는지, 이에 대해 남자아이들은 어떻게 느끼는지를 들여다볼 수 있었다. 연구자들은 아이들의 성장은 관계를 통해 이루어진다고 말하며 남자아이들의 삶에서 그러한 능력들이 얼마나 중요한지를 강조한다. 즉 지금까지 남자아이들이 남자라는 이유로 성장 과정에서 잃어가던 능력들에 대해 다시 한 번 생각해 볼 필요가 있다는 것이다. 남자아이를 남자로 키우기 위해 새로운 것을 가르칠 것이 아니라, 부모는 아이들이 이미 가지고 있는 품성과 능력을 개발하고 받아들일 수 있도록 도와야 한다고 주장한다.

왜 여자아이를 키우는 인식은 바뀌어 가는데, 남자아이에 대한 인식은 바뀌지 않는 걸까?

남자아이들의 건강한 성장을 돕기 위해서는 성별에 대한 기준부터 새로 확립해야 한다. 그러나 남성성을 상징하는 모든 기준이 꼭 부정적인 것만은 아니다. 자신감이나 독립심과 같은 기준은 충분히 가치가 있다. 마찬가지로 이러한 모든 사회적 기준이 남자아이들에게 부정적인 영향을 미치는 것은 아니다. 다만 억지로 따르게 할 때 문제가 발생한다.

당연한 이야기겠지만, 편협한 남성성에 대한 기준을 수정하고 다시 세우는 일은 매우 중요하다. 하지만 이와 동시에 이러한 성별에 따른 행동을 강요하는 문화 자체를 바꿔 나가야 한다. 물론 상당히 오랜 시간이 걸릴 것이다.

무엇보다 남자아이들과 그 일상을 함께하는 가족(교사)의 역할이 중요하다. 아이들의 목소리에 귀를 기울이고, 아이들의 관점에서 그들의 경험을 이해하기 위해 노력해야 한다. 4~6세 남자아이들은 자신에게 무엇이 필요한지, 그리고 부모(교사)에게 어떤 도움을 바라는지 이야기해 줄 것이다. 우리가 진심으로 그들에게 관심을 가지고 있다는 확신만 준다면 말이다.

남자아이들은 자라면서 숱한 사회적 그리고 또래 친구들의 압박을 받게 되지만, 사례에서 만난 아이들처럼 이를 무조건 받아들이거나 따르지 않는다. 또래 친구들과의 관계나 가정(학교)에서의 관심에 따라 이에 대응하는 태도가 달라진다. 이러한 압박을 거부한다고 해서 여성적인 행동을 추구한다는 것은 아니다. 또한 무조건 저항만 하는 것도 아니다. 신경 자체를 쓰지 않을 때가 있다. 남자아이들은 자신이 그렇게 하기를 원하거나 혹은 그렇게 할 만한 가치가 있다고 생각할 때 행동한다. 예컨대 지금의 친구 관계를 유지하고 싶거나 우정을 돈독히 하고 싶을 때 사회적 압박을 받아들인다.

남자아이들은 주로 자신의 생각을 표현하지 못하게 되거나 주체성을 포기해야 할 때 저항하는 모습을 보인다. 즉 다른 사람의 기대로 인해 자신이 하고 싶은 행동을 하지 못하게 될 때다.

아들이 주변에 휘둘려 자신의 색을 잃지 않도록

자신의 본모습을 지키기 위해 저항하지만, 결국 대부분의 남자아이들이 남성성이라는 집단과 문화의 기준에 맞추는 법을 배우게 된다. 다른 또래 친구들과 어울리고 싶은 욕구 때문이다. 그렇다고 물론 자신의 신념까지 버리는 것은 아니다. 다만 친구들과 함께 어울리기 위해 그 기준을 따르거나 최소한 그 기준에서 벗어나지 않으려 한다. 여기에서 말하는 기준이란 남자아이에게 문화적으로 명시되고 사회적으로 부과된 행동이다. 따라서 이를 잘 따를 경우 사회적으로 적응을 잘하는 아이로 비춰질 수 있다.

그러나 이는 때때로 남자아이에 대해 잘못된 이미지를 전달한다. 남자아이들이 자신의 성정체성을 깨닫고 대인관계의 방식을 배우고 자아를 확립해 가는 사회성 발달 과정은 마치 아이들이 알고 있는 것과 보여 줘야 하는 것을 강제로 갈라놓고 있는 것처럼 보인다. 나 자신에 대해, 자신과 주변 사람들과의 관계에 대해, 자신이 살고 있는 세상에 대해 알고 있는 것과 말이다. 남자아이들은 발달 과정에서 자신의 진짜 생각과 감정 그리고 욕구를 행동과 분리시키는 법을 배운다.

남자아이의 건강한 성장 발달을 위해 꼭 아이의 행동에 개입하여 바꿔 줄 필요는 없다. 최소한 스스로 혹은 다른 사람을 위험에 빠트리지 않는다면 말이다. 오히려 스스로 부딪혀 가며 비판적 대응 능력을 쌓는 기회가 될지도 모른다. 부모보다 아이가 더 현실적인 해결책을 찾아낼 수도 있다.

'사회적 기대와 또래 친구 사이에서의 문제 대 자신의 생각이나 감정, 욕구' 이 중에서 꼭 어느 한 쪽만 선택할 필요는 없다. 균형만 잘 맞춘다면, 이 둘을 동시에 유지해 갈 수 있다. 이것이 가능하다면 외부의 영향 때문에 자신을 포기할 필요는 없을 것이다.

아이들이 이에 대응할 때의 진짜 위험은 자신의 행동을 바꾸는 것이 아니다. 자신이 알고 있고 원하는 것, 그리고 스스로 경험한 것들에 대한 통찰력을 잃어버림으로써 과도한 타협을 시도하는 일이다. 물론 언제나 나만의 방식을 고집할 수 없기 때문에 반드시 타협을 해야만 한다. 그렇지만 다른 사람의 기대에 부응하는 데 집중한 나머지 자신의 의지와 욕구를 자신도 모르게 포기하게 될 때가 있다. 이때 아이들은 과도한 타협을 하게 된다. 이것이 위험한 이유는 나 자신에 대한 인식을 약화시키기 때문이다. 이는 오히려 다른 사람과의 관계마저 방해한다.

이는 반대로 말해 사회적 혹은 친구들 사이에서의 기대에 응하면서도 자신의 신념을 잃지 않는다면, 건강하고 만족스러운 관계를 형성해 나갈 기회가 많아질 것을 뜻한다.

아들을 지켜 주는 관계의 힘

다른 사람과의 관계는 아이에게 자신감을 길러 준다. 이를 증명하듯 회복을 주제로 한 무수히 많은 연구에서 어려움과 위험으로부터 우리가 벗어날 수 있도록 해주는 것은 믿을 수 있고 친밀한 사람과의 관계라고 한다.

부모는 이러한 관계를 쌓아갈 수 있도록, 아들이 갖고 있는 대인관계 능력과 감정 능력을 일깨워 주고 이에 자긍심을 가지도록 도와줘야 한다. 아들의 친구 관계를 살펴야 한다. 그동안 우리의 아들들은 이러한 능력을 간과하거나 무시하도록 강요당해 왔다. 부모는 또한 남성성, 성공 등의 정의를 새로 알려 주고 이에 대해 모범을 보여 줘야 한다. 이를 통해 아들은 또래 친구들이나 사회의 압력과 마주하게 되었을 때 자신의 진짜 모습을 기억해 내고 유지하는 한편, 자신을 무작정 억누르기보다 지켜 나갈 수 있게 될 것이다.

무엇보다 부모는 아들을 치명적인 영향이나 상처가 되는 감정들로부터 보호하고 싶어 하지만, 이는 불가능하다는 사실을 깨달아야 한다. 아메리카 원주민들 사이에는 이런 속담이 전해져 내려온다.

"폭풍이 불어닥치지 않은 것이 평화가 아니다. 진정한 평화는 그 폭풍 속에 있다."

부모가 성장 과정에서 부딪히는 기대와 압박으로부터 아들을 완벽하게 보호해 줄 수는 없다. 아무리 아들의 생각과 행동을 가로막고 제한한다 한들 말이다. 그렇지만 폭풍을 이겨낼 수 있도록 가르칠 수는 있다. 다시 말해 스스로 그 폭풍의 근원을 알아내고 이겨낼 수 있는 힘을 기르도록 도울 수 있다는 뜻이다. 이때 가장 중요한 것은 바로 대인관계이며, 아이들은 대인관계를 통해 스스로를 보호하며 자신감과 확신을 가지고 마주치는 도전이나 어려움을 극복해 나갈 수 있다.

"남자아이의 성장에 대해
새로운 관점을 제시해 주는 책!"

정신분석 전문가 도날드 모스는 자신의 저서 『남자를 이해하는 13가지 방법 Thirteen Ways of Looking at a Man』을 마무리하며 다음과 같은 자신의 경험담을 들려준다.

그가 초등학교 1학년 새 학기가 시작되는 날이었다. 담임선생님으로부터 일주일에 한 곡씩 노래를 배운 뒤, 학년이 끝날 때쯤 자기가 좋아하는 노래를 발표하는 시간을 가질 것이라는 이야기를 들었다. 무슨 노래를 부를 것인지는 비밀로 해야 한다는 것도. 그는 이 이야기를 듣자마자 일찌감치 노래를 골라 두었다. 그것은 바로 "내가 잠든 한밤중에 천사 열 셋이 내려와 나를 지켜주네~"로 시작하는 자장가였다. 독일 동화인 〈헨젤과 그레텔〉에 나오는 노래였다. 그는 매일 밤

잠들기 전에는 꼭 이 노래를 불렀고, 노래 가사처럼 하늘에서 천사들이 내려와 밤의 악몽으로부터 자신을 지켜 줄 것이라고 믿었다는 것이다. "내가 지금까지 들어본 노래 중 가장 아름다운 노래였다."고 어른이 된 지금도 말하곤 했다.

마침내 1학년이 끝나 가는 어느 날 노래 발표 시간이 다가왔다. 그의 차례가 되어 선생님이 무슨 노래를 부를 것인지 물었다. 이에 당당하게 "저는 자장가를 부를 거예요!" 하고 대답을 하는 순간, 자신을 향한 남자아이들의 시선이 자신이 지금 얼마나 멍청한 행동을 저지르려고 하는지 알려 주는 듯했다. 그 노래는 남자아이라면 절대 좋아해서는 안 되는 노래였던 것이다. 서둘러 다른 노래를 찾아야만 했다. 그리고 이를 앞으로도 잊지 말아야 했다. 그는 급하게 노래를 바꾸어 '뱃사람들의 노래'를 부르겠다고 말했다. "멕시코 땅에서 저 멀리 아프리카의 바다까지~"로 시작하는 노래였다. 이 경험을 통해 남들에게 섣불리 자신의 모습을 드러내서는 안 된다는 사실을 배웠다고 그는 말했다.

주디 추 교수의 책은 모스의 경험에 대해 이렇게 이야기해 주는 듯하다. "자장가는 남자아이가 가장 좋아하는 노래가 될 수 없다. 항상 그걸 기억해야만 한다."고 말이다. 그리고 이 교훈을 적극적으로 받아들이게 되면서 아이들은 진정한 남자아이가 되어 간다. 진짜 남자아이가 되어 가기 위해서는 이렇듯 자신의 일부를 부정해야 한다는 사실을 깨달아 가는 것이다.

주디 추 교수와 하버드 광장에 있는 식당에서 그동안 그녀가 진행해 온 연구에 대해 이야기를 나눈 적이 있었다. 2년에 걸친 연구 동안 그녀가 함께한 아이들은 초등학생이 되었다. 그사이 아이들은 공통적으로 무슨 생각을 하고 있는지 모호하고 알 수 없어졌다고 그녀는 말했다. 분명한 것은 남자아이들은 또래 친구들에게 어떤 특별한 것, 그리고 특별한 관계를 원한다는 것이었다. 주디 추 교수가 자신의 연구에서 밝혀낸 핵심 쟁점은 남자아이들이 동성 친구들과 친해지기 위해서 아이러니하게도 더 넓은 의미의 대인관계 능력을 포기하게 된다는 것이었다. 여기서 아이들이 포기하는 것은 세상을, 사람들을 이해하는 데 도움을 주는 감성과 공감이다. 또래 친구들과의 관계를 위해 이를 외면하는 사이 오히려 인간관계가 더 어려워지는 것이다.

"이 남자아이들은 친구들로부터 인정받고 따돌림 당하지 않기 위해, 점점 자신의 진짜 모습을 감추고 필요한 모습만 드러내게 돼요."

주디 추 교수는 남자아이들이 잃어가는 것이 무엇인지, 그리고 그 이유와 과정에 대해서 이 책에서 자세히 밝히고 있다. 어떻게 보면 남자아이에게 사회성 발달 과정은 자신의 일부분을 지우거나 묻어 버리는 행위인지도 모르겠다.

이 책이 출간된 시점은 지금보다 더 적절할 수 없다. 교육계에서는 현재 남성성과 사회성에 대해 한창 논의를 진행 중이다. 중요한 것은 바로 이것이다. 남성이냐, 여성이냐라는 이분법적인 사고로 갈리게 되면 올바른 길을 선택하지 못할 우려가 크다는 것이다.

이 책에서 주디 추 교수는 남자아이들이 친구들과 어울리면서 자신의 성향이나 행동을 감추는 방법을 배우게 되더라도, 이를 완전히 저버리지는 못한다고 말한다. 따라서 자신이 하고 싶은 것과 해야만 하는 것 사이에서 갈등을 겪게 된다고 소개한다. 그리고 그 시작은 유아기라며, 아이의 성장 방향이 좌우되는 시기인 만큼 이러한 상황에서 거부할 수 있는 힘을 길러 줘야 한다고 부모에게 당부한다. 이것이야말로 아이가 아이답게! 행복하게 성장하는 힘이라는 것이다.

이를 위해 주디 추 교수는 이 모든 문제가 시작된 지점으로 우리를 안내한다. 그녀의 연구가 밝혀낸 사실들은 우리로 하여금 가장 중요한 질문을 던지도록 만든다. 이 문제들이 고착화되기 전에 바로잡을 수는 없을까? 남자아이가 성장에서 마주하는 부정적인 요소들을 없애 줄 수는 없을까? 아들의 사회성은 점점 더 중요해지고 있다. 이 책은 아들이 올바른 성정체성을 바탕으로 자아를 확립하고 타인의 시선에 눈치 보지 않고 나답게 어울릴 수 있어야 한다는 사실을 일깨워 준다.

▼ ▼ ▼

"이 책에서 주디 추는 도발적이면서도 명쾌한 설명으로 그동안 우리가 남자아이들과 그 성장 발달 문제에 대해 잘못된 생각을 가지고 있었음을 적나라하게 밝히고 있다.

_니오베 웨이 『일급 비밀 : 남자아이들의 우정 그리고 관계의 위기 Deep Secrets : Boys' Friendships and the Crisis of Connection』의 저자

"주디 추는 세 가지 놀라운 재능을 선보이며 이 책을 완성했다. 먼저 그녀는 아이들과 깊은 신뢰를 바탕으로 남자아이들의 세계를 놀라울 정도로 상세하게 기술했다. 그리고 깊은 이해심을 가지고 아이들의 말에 귀를 기울였으며, 세심한 배려를 통해 아이들의 행동에 담긴 의미를 밝혀 낼 수 있었다. 이는 우리에게 남자아이들의 성장을 깊이 있게 이해하는 통찰력을 제공해 준다."

_마이클 킴멜 『남자들의 세상 : 아이가 어른이 되는 곳 Guyland : The Perilous World Where Boys Become Men』의 저자

옮긴이 **우진하**

삼육대학교 영어영문학과를 졸업하고, 성균관대학교 번역 테솔 대학원에서 번역학과 석사학위를 취득하였다. 한성 디지털대학교 실용외국어학과 외래 교수로 활동하다가 현재는 출판 번역 에이전시 베네트랜스에서 전속 번역가로 활동 중이다.
옮긴 책으로는 『아들은 원래 그렇게 태어났다』, 『세상은 왜 존재하는가』, 『서른의 철학』, 『건너야 할 다리』, 『들리지 않는 진실: 빈곤과 인권』, 『와일드』, 『인섹토피디아』 등이 있다.

4~6세, 아들 성장보고서

초판 1쇄 인쇄 2016년 8월 30일   **초판 1쇄 발행** 2016년 9월 10일

지은이 주디 추   **펴낸이** 김종길   **펴낸곳** 글담출판사
책임편집 이경숙   **편집** 임현주 · 박성연 · 이은지 · 이경숙 · 김보라 · 안아람
디자인 정현주 · 박경은   **마케팅** 박용철 · 임우열   **홍보** 윤수연   **관리** 김유리

출판등록 1998년 12월 30일 제2013-000314호
주소 (121-840) 서울시 마포구 양화로 12길 8-6(서교동) 대륭빌딩 4층
전화 (02)998-7030   **팩스** (02)998-7924
이메일 geuldam4u@naver.com   **페이스북** www.facebook.com/geuldam4u
블로그 http://blog.naver.com/geuldam4u   **인스타그램** geuldam

ISBN 979-11-86650-21-9   13590
책값은 표지에 있습니다.   잘못된 책은 바꾸어 드립니다.

이 도서의 국립중앙도서관 출판시도서목록(CIP)은 e-CIP홈페이지(http://www.nl.go.kr/ecip)와 국가자료공동목록시스템(http://www.nl.go.kr/kolisnet)에서 이용하실 수 있습니다. (CIP 제어번호 : CIP2016020275)

글담출판에서는 참신한 발상, 따뜻한 시선을 가진 원고를 기다리고 있습니다. 원고는 글담출판 블로그와 이메일을 이용해 보내주세요. 여러분의 소중한 경험과 지식을 나누세요.
블로그 http://blog.naver.com/geuldam4u   **이메일** geuldam4u@naver.com